KB164349

지붕
없는
건축

지붕 없는 건축

인문학으로
보는

건축의
여러 가지
표정들

남상문 지음

현암사

프롤로그

2010년 겨울 어느 날, 나는 병원에서 눈을 떴다. 세상이 온통 하얀 채로 물속에 잠긴 듯 웅웅거리는 소리만 들렸고 몸은 굳어 있었다. 의료진은 내가 사고로 측두골이 골절되며 지주막하에 출혈이 생겨 열흘 동안 의식이 없었다고 설명해주었다. 지주막하출혈 환자의 삼분의 이는 병원에 도착하기 전에 사망하고 삼분의 일만 생존한다고 한다. 살아남은 사람의 절반 이상은 후유증에 시달리고 삼분의 일만이 이전과 비슷한 정도의 삶을 영위한다. 하지만 응급실에 이송됐을 당시 담당 의사조차 두 발로 병원을 걸어 나가지 못할 거라 비관했던 나는 살아남았고 이전과 비슷한 정도의 삶을 살고 있으니 약 10퍼센트의 확률을 뚫은 셈이다. 사고 당시 시

신경이 마비되고 오른쪽 청력 대부분을 잃었지만 시력은 일 년 후 이전 수준으로 회복했고 청력은 몸이 적응해 음악회에 가거나 이어폰을 끼지 않으면 한쪽 귀가 안 들린다는 사실을 의식하지 못하게 됐다. 일은 계속했지만 후유증 때문에 독한 약을 복용하면서 책을 읽거나 긴 작업을 할 수는 없었고 책장에 먼지가 쌓여갔다.

그렇게 4~5년의 시간이 지났다. 그 사이 딸이 태어났고 어여쁜 딸아이의 모습을 그냥 흘려보내기 아쉬워 매일같이 사진을 찍고 육아 일기를 쓰기 시작했다. 다시 글을 쓰게 된 계기는 건축가로서 직업적인 글쓰기가 아니라 아빠로서 아이와의 추억을 기록하기 위함이었고 〈망고실록〉이라고 이름 붙인 육아 일기는 두 권의 책으로 엮여 지금도 6년째 계속되고 있다. 지인들은 늘 내게 글쓰기를 권유했지만 그때마다 나는 얕은 식견을 탓하며 글재주가 부족하다고 에둘러 사양했었다. 하지만 건강을 회복하면서 더 늦기 전에 지나간 생각과 글들을 정리하고 기록으로 남겨야겠다는 바람이 생겼고 십 년이 지난 오늘에서야 미뤄두었던 이 책을 쓰게 되었다. 부족함이 많지만 부족한 것은 부족한 대로 이 책이 오늘의 기록이 되었으면 한다.

먼저 이 책은 독립된 분과 학문이나 엔지니어링 분야로서의 건축을 다루는 것이 아니라 건축의 바탕을 이루는 일반적인 개념을 풀어 설명한 것이기에 『지붕 없는 건축』이라는 제목을 붙였다. 건축에서 지붕은 경계, 영역을 한정하는 최초의 조형 요소다. 벽이 없어도 지붕은 땅 위에 가상의 선을 만들고 안과 밖을 구분하게 한다. 따라서 '지붕이 없다는 것'은 건축이 시작되기 이전의 상태를 말한다. 건축은 지붕 없는 들 위에 서서 각자의 지붕을 만들어 나가는 과정과 같다.

여기 수록된 글들은 2007년 제출한 석사 논문의 몇 가지 주제를 현재 시점에 맞게 에세이 형식으로 고치고 내용을 추가한 것이다. 전공어를 일상어로 번역한 것과 같다. 학교에서 강의하면서 늘 아쉬웠던 부분은 시중에 나와 있는 건축 관련 서적이 건축 비전공자를 대상으로 하는 건축 기행문, 집짓기 관련 실용서가 아니면 전공자를 대상으로 하는 전문서로 나뉘어 있다는 것이었다. 나는 건축에 이제 막 입문한 건축학과 1~2학년을 대상으로 주로 강의해왔기 때문에 학생들에게 건축 이론을 조금 더 쉽게 소개하고 설명할 필요가 있었다. 그래서 이 책은 교양서적과 전공서적 그 중간 어디쯤에서, 건축학도 또는 문화 예술 분야에 관심이 있는 비전공자가 건축을 통해 생각의 단초를 발견하고 새로운 지적 탐구의 여정을 떠날 수 있도록 구성했다.

각각의 소재는 '보이지 않는 것', '보이는 것', '다시, 보이지 않는 것'이라는 세 가지 범주로 묶었다. 이 분류는 미국의 근대 건축가 루이스 칸Louis Kahn이 '건축은 보이지 않는 것이 보이는 것으로, 그리고 보이는 것이 다시 보이지 않는 것으로 변화하는 과정'이라고 설명했던 것에서 착안했다. 건축은 눈에 보이지 않는 관념이나 사회 문화적 배경 등을 디자인 어휘를 통해 눈에 보이는 물리적 조형으로 바꾼다. 하지만 만들어진 사물, 건축물은 최종적으로 그 공간과 장소를 체험하는 사람들에게 말로 설명할 수 없는 어떤 감응을 불러일으키고 건축가가 건축을 통해 직접적으로 의도하거나 지시할 수 없는 행위와 현상을 만들어낸다. 사람이 특정한 목적과 의도를 가지고 건물을 만들지만 지어진 건물은 환경의 일부가 되어 우리가 생각지 못한 엉뚱한 말을 걸어오는 것이다. 교과서처럼 체계적으로 모든 이론을 정리한 것은 아니지만 이런 일련의 과정을 소개하는 것이 건축에 대한 전반적인 이해를 도울 것으로 기대한다.

건축의 여러 가지 표정을 역사, 인문, 예술 등을 통해 입체적으로 보여주려 했지만 나의 견해가 개인적이고 부분적인 단견에 지나지 않음은 어쩔 수 없는 한계인 것 같다. 부끄러운 마음으로 독자분들의 너그러운 이해를 앞서 구한다. 본문의 내용은 2019년 초부터 2020년 사이 작성되어 현재 시점과 시차가 있을 수 있다.

첫 책의 출간을 도와주신 현암사에 감사드린다. 건축이 대중적인 분야가 아님에도 정예인 편집자는 초고부터 각별한 관심을 보여주셨다. 흐트러짐 없는 문장과 한결같은 성실함으로 애써주신 덕분에 이 책이 나올 수 있었다. 추천의 글을 써준 세 분께도 특별히 감사의 인사를 전해야겠다. 졸고에 과분한 격려와 응원의 메시지를 보내주셨다. 내가 마음속으로 흠모하는 이분들의 추천사가 이 책의 백미다. 이에 걸맞은 좋은 글을 쓰도록 더 노력하겠다.

마지막으로 사랑하는 나의 가족 조한나, 남이소에게 깊은 애정과 감사의 말을 전하고 싶다. 나의 '집'이 되어주어서 고맙습니다.

2021년 3월

남상문

차 례

프롤로그 5

제 1 장 **보이지 않는 것** 13

1 | **일상과 차이** | 낯선 길로 걷다 15
2 | **생각과 언어** | 비슷하지만 다른 22
3 | **삶과 죽음** | 나 하늘로 돌아가리라 30
4 | **우연과 불완전함** | 못생기게 사진 찍으며 놀다 40
5 | **최초와 최후** | 인류의 고향을 탐구하다 49
6 | **기억과 부재** | 빈사리에서 당신을 떠올리다 59
7 | **새로움과 혁신** | 남과 다르다는 것은 68
8 | **숭고와 두려움** | 크고 높고 무거운 사물 77
9 | **의미와 흥미** | 인간의 본질은 대답이 아니라 질문 86

제 2 장 **보이는 것** 95

1 | **장인과 예술가** | 만드는 손과 생각하는 손 97
2 | **현상과 감각** | 빛, 소리, 냄새를 디자인하다 108
3 | **연상과 상징** | 나는 당신과 다른 것을 보았다 117
4 | **부분과 전체** | 방이 먼저일까 건물이 먼저일까 125
5 | **형태와 기능** | 참나무와 코발트블루를 좋아하세요? 135
6 | **취향과 스타일** | 올바른 취향이란 무엇인가 145
7 | **직선과 곡선** | 곡선은 신의 것인가 당나귀의 것인가 155
8 | **창과 창가** | 집과 세상을 연결하는 통로 163
9 | **문과 문간** | 열고 닫다 172

제 3 장 **다시, 보이지 않는 것** 181

1 | **의지와 구조** | 사람은 건물을 만들고 건물은 다시 사람을 만든다 183
2 | **하얀 벽과 전망대** | 권위로부터의 해방 190
3 | **공간과 장소** | 이름을 붙이면 버릴 수 없다 198
4 | **장소와 장소혼** | 노트르담 대성당과 잠실 5단지 아파트 206
5 | **디즈니랜드와 메트로폴리스** | 기획된 모사품과 장소의 상실 215
6 | **타운하우스와 아파트** | 스카이캐슬을 꿈꾸다 223
7 | **픽처레스크와 도시 재생** | 마리 앙투아네트의 핫플레이스 230

사진 출처 241
참고 문헌 246

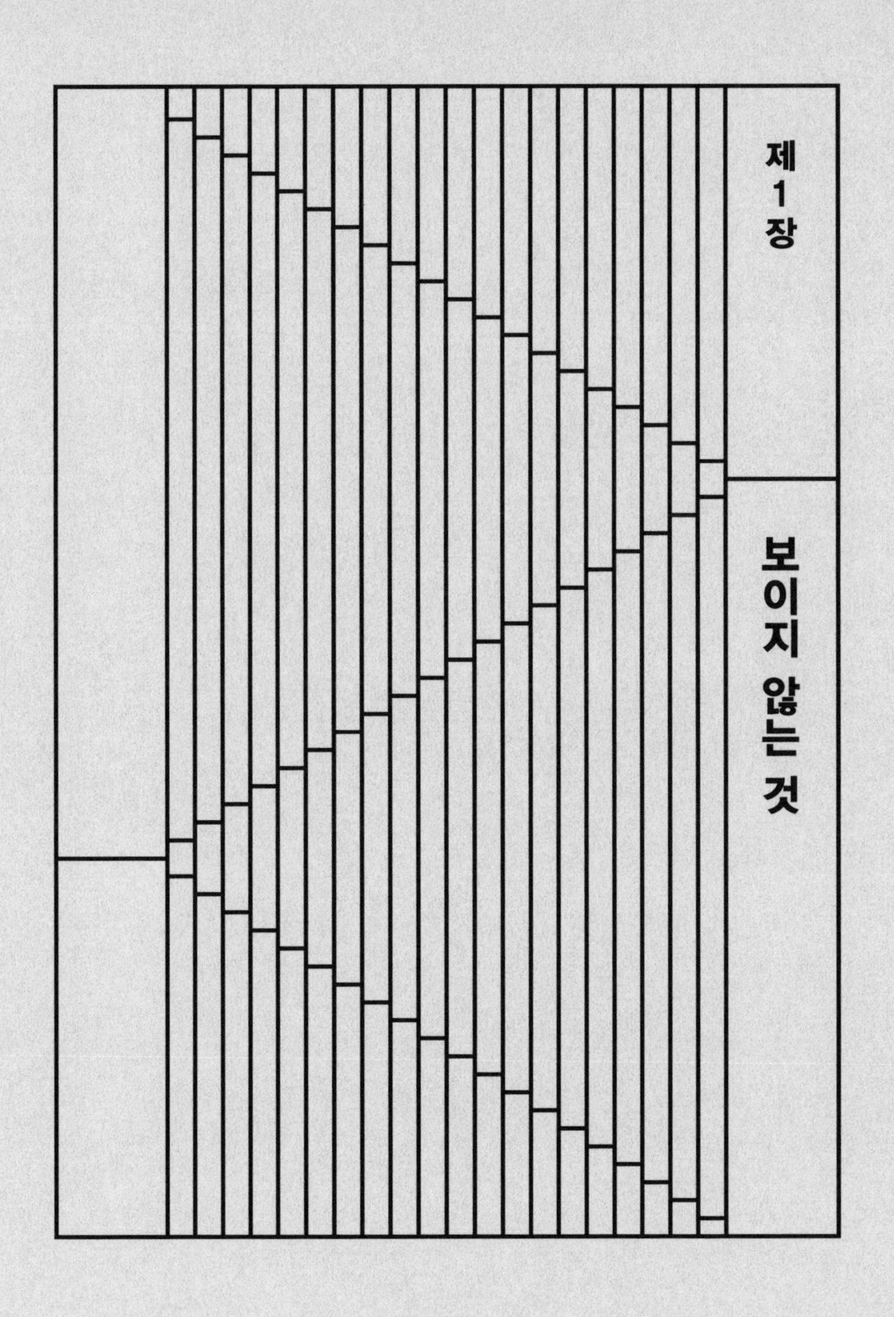

제1장

보이지 않는 것

1 일상과 차이

낯선 길로 걷다

'자세히 보아야 예쁘다. 오래 보아야 사랑스럽다. 너도 그렇다.' 나태주 시인의 시 「풀꽃」은 주변에서 흔히 볼 수 있는 일상적인 사물에서 차이를 발견하고 새로운 가치를 부여하려면 주의 깊은 관찰력과 시간, 인내심이 필요하다고 말하고 있다.

시인은 「풀꽃 2」라는 시에서 다시 이렇게 말한다. '이름을 알게 되면 이웃이 되고 색깔을 알게 되면 친구가 되고 모양까지 알고 나면 연인이 된다. 아, 이것은 비밀.' 어떤 대상의 이름을 알게 된다는 것은 본인이 직접 관찰해서 알게 된 것이 아니라 누군가에게 전해들은 사실이다. 옆에 있지 않아도 된다. 색깔은 멀리서 보아도 알 수 있으므로 색깔을 알게 된다는 건 옆에 있지만 나와 너

사이에 거리가 있다는 것이다. 그것이 친구다. 더 가까이 다가가서 자세히 들여다보면 모양까지 알게 되고 그제야 나와 너는 연인이 된다. 조명만 바뀌어도 색깔을 제대로 알아보기가 힘든데 모양까지 알아본다는 건 얼마나 어려운 일인가. 색깔은커녕 이름이라도 제대로 알고 있으면 다행이지만 안타깝게도 우리 주변에는 이름 없는 타자가 너무나 많다. 협소한 친교와 능숙한 겉치레만 남은, 우아하게 고립된 세계는 서로를 외면한 채 빠르게 경화하고 있기 때문이다.

익숙한 사물을 가까이 두고 습관적으로 같은 행동을 반복할 때 우리는 안정감을 느낀다. 예측할 수 없는 위험으로부터 자신을 보호하고 스스로 상황을 통제할 수 있다는 믿음으로부터 오는 평온이다. 하지만 자극 없는 일상이 누적되면 섬세했던 감정은 시간에 마모되고 몸은 저항 없는 공간에 순응하면서 작은 차이들에 둔감해진다. 오늘이 어제 같고 내일도 오늘과 다르지 않을 것 같은데 정작 내가 할 수 있는 건 없어 보인다. 내가 없어도 세상은 별일 없이 잘 돌아간다. 도시민이 느끼는 무기력은 이렇게 반복된 일상에서 오는 피로감, 권태로부터 기인하는 경우가 많다.

하지만 일상을 조금만 자세히 들여다보자. 이른 아침 출근하는 사람들은 대부분 버스나 전철에서 내려서 사무실까지 앞만 보고 최단 거리를 찾아 걷는다. 매일 반복되는 빠듯한 출근 시간에 당연한 일인지도 모르지만 마음의 여유를 가지고 평소와 다른 길을 찾아 걸어보면 어제 보지 못했던 풍경이 눈에 들어온다. 골목길에 드리운 빛과 그림자가 다르고 오가는 사람들의 모습이 다르고 공기의 온도도 다르다. 평탄했던 길에 오르막과 계단이 생기면서 심장박동이 빨라지고 시야가 멀리 남산까지 닿아 새삼 서울이라는 도시의 경계가 머릿속에 떠오를 수도 있다. 보이지는 않지만 어딘가에서 흘러나오는 고소한 버터 향이 빵 나오는 시간임을 알려주고, 문득 따뜻한 백열등 아래 식탁에 모인 친구들과의 만찬이 떠올라 한동안 연락이 뜸했던 친구에게 안부를 묻게 될 수도 있다.

핀란드의 국민 건축가 알바 알토Alvar Aalto는 '좋은 도시계획이란 무엇인가?'라는 질문에 '집과 사무실 사이에 숲이 있는 것'이라고 대답했다. 이 말은 실제로 도시에 공원이나 숲을 많이 만들어야 한다는 뜻이 아니라 일상적으로 반복되는 일과 중에 숲처럼 감성적으로 풍부하고, 사람들의 감각을 자극할 수 있는 요소들이 세심하게 계획되어야 한다는 의미다.

하지만 제아무리 유능한 도시계획가 혹은 건축가가 출근길에 숲을 만든다 한들 숲을 발견하는 것은 온전히 도시민의 몫이다. 마감에 쫓긴 편집장이나 계약 직전의 영업 사원, 새로 산 신발에 정신이 팔린 아이에게 도시에서 숲을 보라고 권하는 건 어쩌면 소용없는 일인지도 모른다. 이들에게는 한가로운 감상과 위안보다 당장 해결해야 할 나름의 사정이 있다. 하나의 사정은 또 다른 사정으로 이어져 관성의 매듭을 점점 더 단단하게 옭아매지 않던가. 하지만 일상의 사물과 풍경을 유심히 관찰하고 자기만의 새로운 시각으로 해석하는 것은 내가 속한 세계에 자발적으로 관여하고 딱딱하게 굳은 내면을 성찰함으로써 사소한 일상을 특별한 예술로 만드는 기회가 된다.

문제는 이런 기적이 하루아침에 이뤄지지 않는다는 것이다. 기묘하고 특이한 물건에는 쉽게 눈이 간다. 하지만 평범한 것에서 평범하지 않은 것을 발견하는 능력은 훈련된 심미안을 필요로 한다. 이는 작은 차이를 인식하고 분별할 수 있는 눈이다. 음악가가 '청음'이라는 교육을 통해 소리를 악기와 음역별로 세분화해서 듣게 되는 것처럼 호기심 많은 관찰자, 성실한 탐구자는 잠들어 있던 감각을 깨우는 다양한 경험을 통해 하나의 삶에서 여러 개의 인생을 꽃피울 수 있다.

먼저 지금 내가 서 있는 공간을 천천히, 자세히 들여다보자. 창문 밖으로 보이는 풍경, 창문을 통해 들어오는 빛과 그림자의 음영, 창틀의 모양과 재질, 천장의 높이와 패턴, 벽과 천장이 만나는 몰딩의 처리, 걸을 때 느껴지는 보행감, 공간을 울리는 소리의 잔향, 콘센트의 위치와 형식, 문고리의 장식과 만듦새 등을 유심히 보는 것이다. 당신이 만약 거기서 어제와 다른 무언가를 발견하고 집중된 순간에 감응했다면 그 찰나의 꽃은 '처음'으로 다시 태어날 것이다. '처음'은 우리가 가보지 않은 낯선 길, 엄숙한 경당에서 뛰어노는 아이처럼 천진난만한 동심의 세계다. 이곳에서는 장소와 사람 사이에 벌어진 틈이 상상력으로 메워지고 사람과 사람 사이에 세워진 여러 겹의 장막이 놀이를 통해 녹아내린다.

고색창연한 세월의 흔적을 간직한 창문 사이로 새어 들어오는 바람이 블라인드를 춤추게 하고, 한 줄기 햇살이 그 위에 내려앉아 수직의 군무로 날갯짓할 때 우리는 그 장소에 숨겨진 자연의 조화와 변덕으로부터 생명의 활기와 덧없는 애처로움을 동시에 느낄 수 있다. '세계'와 '나'라는 존재가 매혹적인 분위기, 특정한 장면에서 동조하는 것이다.

만약 바람을 과학 시간에 배운 공기의 흐름, 유체의 동역학 정도로만 생각했다면 이런 합일이 일어났을까? 사전에 입력된 정답을 반복하는 자동기계, 그곳에 사물로 덩그러니 놓여 있는 자아는 자신이 세계를 투명하게 이해하고 있으며 더 이상의 비밀은 없다고 생각한다. 하지만 이런 확신은 언제나 우리를 퇴보하게 하고 냉소로 이끈다. 바다를 처음 본 아이처럼 눈앞의 구체적 현상에 있는 그대로 응답하고 목적 없이 놀이할 때만 자동기계에서 깨어나 온전히 세계의 주인이 될 수 있다. 그리고 어쩌면 이런 경험은 기발한 발상의 단초가 되어 어떤 대안을 모색하기 위한 큰 변화로 이어지거나 삶의 전환점이 될 수도 있다.

하지만 관찰과 발견의 진정한 가치는 문제 해결이나 목적 설정이 아니라 가능성과 위험이 공존하는 데서 오는 긴장 자체에 있는 것 아닐까? 깨어 있다는 것은 반성과 성찰을 통해 자신의 능력, 가치, 가능성을 자각하고 낯선 길에서 만날 수 있는 위험을 감수하며 내가 인식하는 세계의 범위를 확장하는 일련의 운동이기 때문이다. 오래 보는 것, 자세히 보는 것, 경청하는 것, 더듬는 것, 숙고하는 것, 응답하는 것. 달리는 말에서 내려 할 일은 그뿐이다. 연인을 만나기 위해. 매일 새롭게 태어나기 위해.

건축가 알바 알토
(1898~1976)

1 오후 3시 햇빛이 드러낸 벽의 질감

2 생명의 활기와 덧없는 애처로움

2 생각과 언어

비슷하지만 다른

자기가 원하는 것을 말로 정확히 표현하고 전달하는 것은 쉽지 않은 일이다. 적당한 단어가 생각나지 않을 수도 있고 단어의 뜻을 잘못 알고 사용하는 경우도 있다. 나는 얼마 전까지도 '숙주'가 녹두를 콩나물처럼 그릇에 담아 물을 주어서 싹을 낸 나물이라는 것을 몰랐고 '알토란 같다'의 알토란이 진짜 토란인 줄 몰랐다. 아내는 지금도 음식에 관한 내 빈약한 어휘력에 놀라곤 한다.

그러고 보면 우리말은 참 어렵다. 비를 표현하는 단어도 하나가 아니다. 비가 오는 상황이나 때에 따라 안개비, 는개, 이슬비, 보슬비, 가루비, 잔비, 실비, 가랑비, 싸락비, 발비, 장대비, 주룩비, 달구비, 여우비, 소나기, 먼지잼, 누리비 등으로 나눠 부른다. 맛을 표현하는 단어도 마찬가지다. 간간하다, 구뜰하다, 시지근하다, 달곰하다, 달곰쌉쌀하다, 들쩍지근하다, 밍밍하다, 삼삼하다 등은 단순히 어떤 맛, 미각만을 표현한다기보다 음식과 관련한 공감각, 총체적 감상을 암시하기에 어렵다. 그래서 생활 습관이나 문화의 차이로 익숙하지 않은 표현을 접했을 때 우리는 말하는 사람의 표정이나 어감으로 그 의미를 막연히 추측하기도 한다.

글을 쓰거나 말하는 연습을 계속하다 보면 언어의 원초적 기능이 내 생각이나 감정을 남에게 전달하는 의사소통에 있는 것이 아니라 나와 세계의 관계를 정립하는 것임을 깨닫게 된다. 언어는 자기 생각을 말로 표현하는 것이지만 반대로 사용하는 언어가 생각을 틀 지우는 경우도 있기 때문이다. 최근에 문제가 되고 있는 차별적 언어를 생각해보자. 영부인, 미망인, 절름발이, 시댁/처가, 내조/외조 등과 같이 여성이나 소수자를 비하하거나 고정관념을 강화하는 언어는 나와 타인 사이에 보이지 않는 벽을 세워 생산적인 교류를 방해하고 분열적인 세계관을 고착시킨다. 처음에는 생각을 표현한 언어라고 하더라도 관습적으로 반복해서 사용하다 보면 그 언어가 만든 테두리 안에 갇히게 되는 것이다.

언어의 부재가 인식의 부재로 이어진 경우도 있다. 아프리카 힘바족에게는 색을 지칭하는 '파랑'이라는 단어가 없다. 그런데 학자들은 부족민을 대상으로 한 색채 실험에서 이들이 색맹이 아님에도 불구하고 녹색과 파란색을 구분하지 못한다는 사실을 발견했다. 언어가 세계를 정의하고 범위를 한정하므로 언어의 부재가 그대로 인식의 부재가 된 것이다. 이런 사례는 우리와 다른 문

화권의 외국어를 공부할 때도 접하게 된다. 외국어에는 우리말로 번역이 어려운 독특한 표현들이 있기 때문이다. 예를 들어 일본에서 사용하는 하이쿠 시어詩語 중에는 우리말로 조화, 배합 정도로 번역되는 '取り合わせ'라는 말이 있다. 하지만 이는 번역어와 달리 '붙지 않았지만 떨어지지도 않은 절묘한 상태'를 뜻한다. 칼같이 떨어지는 일본 장인의 기예를 떠올리면 이해가 갈 것도 같지만 인위적인 것보다 타고난 그대로의 상태를 포용하는 문화를 가진 우리에겐 한 단어로 나타내기 힘든 낯선 개념이다.

우리가 의식하든 안 하든 모든 언어에는 표면 아래 잠든 기원origin이 있다. 그래서 일상적으로 사용하는 표현과 용어에 의문을 갖고 어원을 찾아보면 의외의 깨달음을 얻거나 생각이 정리되는 때가 많다. 예를 들어 '배달'과 '배송'은 비슷한 의미 같지만 '배달配達'은 '물건을 나누어 어떤 장소에 이르다'를 뜻하고 '배송配送'은 '물건을 나누어 보내다'를 뜻한다. 여기서 '이르다'는 도착점에 가까우므로 곧 도착한다는 뉘앙스가 있지만, '보내다'는 출발점에 가까우므로 시간이 소요된다는 의미를 내포하고 있다.

한자어가 아니라 순우리말도 그렇다. 햇살, 바큇살, 부챗살 등의 표현에서 공통된 '살'이라는 단어는 본래 태양, 달, 별에서부터 뻗어 나오는 기운을 뜻하는데 우리가 흔히 나이를 말할 때 쓰는 '살'도 여기에서 유래했다. 우리 조상들은 사람은 태어날 때부터 천체의 기운을 받으므로 나이를 한 살 먹는다는 것은 하늘의 기운을 한 번 더 받는 것이라고 생각했기 때문이다. 동양철학에서 만물이 하늘, 땅, 사람으로 구성되어 있다고 믿는 천지인天地人사상이 '살'이라는 단어를 통해 지금까지 이어지고 있는 것이다.

언어의 기원을 따라가다 보면 뜻하지 않은 곳에서 건축적인 깨달음을 얻는 경우도 있다. 성스러움聖을 의미하는 영어 단어 sacred의 라틴어 어원은 sacrum, '신이나 신의 힘에 속해 있는 것'을 뜻한다. 반면 속됨俗을 의미하는 영어 단어 profane의 라틴어 어원은 profanum, '성전 경내 앞'을 뜻한다. '속'이라는 말은 행위나 성격이 아니라 장소를 나타내는 말이고 '성'이라는 말도 종교적 행위를 하는 장소와 관련된 단어이므로 결국 성과 속은 둘 다 특별한 의미의 '장소'를 뜻하는 말이었던 것이다.

고대인에게 공간은 균질하지 않고 그 자체로 접근하기 어려운 독자적인 영역이었다. 하지만 우리는 모더니즘 건축이 전개한 '보편공간'에서 하루 대부분의 시간을 보내며 살고 있다. 대도시 오피스 타워로 대표되는 보편공간은 건물의 내외부가 경계 없이 무한히 확장하는, 그림이 그려지기 전 새하얀 캔버스처럼 균질하고 때묻지 않은 공간이다. 그럼 현대인이 잃어버린 것은 무엇일까. 시장에서 자유롭게 교환할 수 있는 투명한 '면적'이나 관념적인 '공간'이 아니라 눈에 보이지 않는, 무언의 힘이 흐르고 있는 구체적인 '장소'의 가치 아닐까. 이러한 인류의 원시적 경험이 '성'과 '속'이라는 단어에 녹아 있었던 것이다. 따라서 우리는, 특히 창작자라면 단어를 사용할 때 그 의미에 대해 한 번 더 생각하고 표현을 정교하게 다듬을 필요가 있다.

건축 용어 역시 마찬가지다. 예를 들어 정원, 마당, 광장은 크기만 다를 뿐 빈 공간을 지칭하는 비슷비슷한 단어 같지만 의미를 곰곰이 생각해보면 차이를 발견할 수 있다. 정원은 가족을 제외한 외부인에게 공개되지 않는 지극히 사적인 공간, 마당은 친척이나 지인을 초대할 수 있는 환대의 공간, 광장은 온전히 공적 영역에 속한 익명의 공간으로 그 성격이나 위계가 분명하게 구분되기 때문이다.

고요한 공간을 만들고 싶다면 고요함에 대해 한 번 더 생각해 봐야 한다. 우리가 '고요한 숲 속 풍경'이라고 말할 때 고요함은 단순히 소리가 없는 무음의 상태를 말하지 않는다. 멀리서 이름 모를 새가 지저귀고 나무 잎사귀가 바람에 흩날리며 찰나의 음영을 만들고 습기를 머금은 부드러운 흙에서 잊힌 유년시절의 기억 한 조각이 되살아날 때, 우리는 우리의 존재 자체에 온전히 집중할 수 있는 진정한 고요함을 느낀다. 데시벨이 낮다는 의미의 조용함이나 불쾌함을 불러일으키는 적막함과는 다르다. 눈에 보이지 않는 미지의 존재가 낯설긴 하지만 두려움을 유발하지 않고, 눈앞의 풍경이 시각적인 피로나 권태가 아닌 평온함을 유지하고, 적당한 크기의 소리가 일정 범위 안에서 변화하며 섬세한 감각을 자극할 때 고요함은 조금씩 천천히 다가온다. 건축가들이 자주 사용하는 '장식'과 '치장', '동선'과 '순환', '구성'과 '구축', '풍경'과 '경관' 등도 모두 비슷한 것 같지만 의미와 층위가 다른 용어들이다. 언어가 내포하고 있는 이러한 차이를 예민하게 구분하고 그 차이로부터 사물의 구성, 형태와 질감이 가진 가능성을 건져낼 때 비로소 훌륭한 건축이 완성된다.

로마의 건축가 비트루비우스Vitruvius는 '건축가는 문장에 능해야 하고 철학가의 말을 들어야 한다'라고 말했다. 철학이 생각하고 상상하는 능력, 문장이 생각을 다듬고 전달하는 과정이라면 건축가라는 직능의 인본적 특성을 이보다 명료하게 설명한 예도 드물다. 건축가는 과거를 기억하고 현재를 관찰하고 미래를 계획하는 사람이다. 과거로부터 배우기 위해서는 책을 읽고, 현재를 관찰하고 분석하기 위해서는 여행이나 실무를 통해 경험하고, 미래를 계획하기 위해서는 상상하는 능력을 키우면 된다. '문장'에서 시작해서 '경험'을 거쳐 '상상'으로 과실을 맺는 것이다. 건축가라는 오래된 직업의 작동 원리는 비트루비우스가 활동했던 이천 년 전이나 지금이나 변함이 없다.

근대의 보편공간,
토론토 도미니언 센터, 1967

1 건축가 루이스 칸이 방의 의미에 대해 설명한 글과 그림, 1971

2 아우구스투스에게 건축술에 대해 설명하는 비트루비우스, 1684

3

삶과 죽음

나 하늘로 돌아가리라

지난여름 작은 명주 달팽이 한 마리가 시장에서 사 온 상추에 매달려 우리 집에 오게 됐다. 나는 다섯 살 딸아이의 생태 학습용으로 좋겠다는 생각에 투명한 플라스틱 케이스로 집을 만들어 먹을 것과 물을 주고 어두운 곳에 놓았다. 달팽이는 때때로 혼자 집을 나와 산책했다. 딸아이와 나는 길 잃은 달팽이가 굶어 죽을까 봐 노심초사하며 사라진 달팽이를 찾느라 온 집 안을 뒤지고 다녔는데 거실에서 출발한 달팽이는 안방 문 뒤에 매달려 있거나 책장 한구석에 자리를 잡고 낮잠을 자고 있었다. 딸아이는 달팽이를 귀여워했지만 달팽이가 잘 때 손으로 살짝 만져보라고 하면 깰까 무섭다며 도망갔다. 그렇게 일 년이 지났고 어느 날 달팽이가 죽었다. 아이가 계속 울어서 달팽이를 위해 기도해주기로 하고 달팽이 인형을 사달라기에 그러겠다고 했다. 달팽이를 추억할 인형이 필요했나 보다. 사람은 사라지는 것들을 추억하고 기념하며 마음의 위안을 얻는다. 다섯 살 아이도 본능적으로 알고 있는 것이다. 그날 밤 아이와 나란히 누워 달팽이를 위해 기도했고 아이는 아빠의 기도를 한 구절씩 따라 하며 다시 눈물을 흘렸다. 그렇게 죽음의 개념을 깨우친 딸이 사람은 죽으면 어떻게 되는지 물었다. 옛날 사람들은 사람이 죽으면 혼백이 되어서 혼은 하늘로 올라가고 백은 땅으로 돌아간다고 생각했다고 답했더니 "나는 흙 되기 싫은데……. 죽으면 아빠랑 놀지도 못하고 슬퍼. 우리 이제 못 만나는 거예요?" 하며 훌쩍였다. 나는 아이를 다독이며 유치원 끝나면 아빠가 문 앞에서 기다리고 있는 것처럼 하늘나라에서도 기다리고 있겠다고 약속했다.

살아 있는 것의 유한함을 깨닫는 일은 슬프고 아름답다. 태초부터 사람은, 인류는 그 생명이 유한하기에 시를 지어 삶을 글로 남기고 동굴 벽에 그림을 새기고 쓸모없이 아름다운 예술품을 만들었다. 오늘날도 마찬가지다. 현대미술가 이우환이 베르사유 궁전에 설치한 〈관계항—베르사유의 아치〉라는 작품은 수면 옆에 거대한 스테인리스 아치를 세우고 아치 옆에 사람 크기의 바위를 놓았다. 수면에 비친 아치는 하늘과 땅으로 이어져 무한히 순환하는 원형의 길처럼 보이고 그 길 위에는 바위와 공원을 오가는 행인들의 모습이 겹쳐진다. 여기서 바위는 자연을 상징하고 반대편에 선 사람은 유한한 존재를 상징한다. 하늘, 땅, 자연, 그리고 사람. 이 작품은 홀로 길을 걷다가 자연의 품으로 돌아가는 사람의 숙명을 절제된 언어로 간결하게 표현하면서 삶과 죽음이 하나라고 말하고 있는 듯하다. 삶과 죽음은 자연의 변화 과정에 불과하다는 장자의 생사관과 일맥상통한다.

건축에서 산 자와 죽은 자가 만나는 곳은 사당과 묘지다. 죽은 자를 위한 제례와 의식도 이곳에서 이루어진다. 조선시대 가옥 가장 안쪽에는 조상의 신주를 모신 사당이 있었다. 산 자와 죽은 자가 한 공간에 함께 기거한 셈이다. 조선시대 국가 주도의 성리학 이념 때문에 강요된 측면도 있지만, 내용과 형식만 다를 뿐 어느 사회나 죽음과 관련한 조상숭배 의식이 있었다. 인간은 죽어도 그 영혼은 영원불멸하고 죽은 자와 산 자가 보이지 않는 끈으로 연결되어 상호작용한다는 원시적 믿음 때문이다. 조상 묘를 잘못 쓰거나 제례를 소홀히 했을 때 살아 있는 자손들이 해를 입게 된다는 식이다. 현대에 오면서 이러한 조상숭배 의식은 희미해졌지만 남은 사람들이 모여 망자의 은덕을 추모하고 사랑하는 가족, 친구, 지인을 상실한 공허함을 위로하는 사회적 의식은 계속되고 있다. 과거에 비해 장례 절차는 간소화됐지만 형식이 간소화됐다고 그 슬픔의 크기까지 작아지지는 않기 때문이다.

그런데 나는 장례식장이나 화장장에서 불쾌함을 느낀 적이 많다. 최근에 방문했던 공립 화장장은 관광버스로 운구된 망자가 행인들로 시끌벅적한 승하차장에서 내려 별도의 의례 없이 건물 로비 정문으로 들어왔다. 유가족들이 입장한 순서대로 번호 대기표를 받고 기다리면 은행이나 푸드코트에서 순서를 알리는 것처럼 빨간색 전광판이 번쩍였다. 망자를 화장 시설 내부로 운구하고 나오면 유가족은 복도식으로 길게 늘어선 2평 규모의 대기실에 앉아 관이 화장로에 입장하는 모습을 지켜본다. 20개가 넘는 화장로와 대기실은 독서실 칸막이처럼 얇은 벽을 맞대고 나란히 붙어 있고 뒤쪽으로는 복도와 바로 면해 있어 오가는 행인들이 오열하는 유가족을 구경꾼처럼 바라보고 있었다. 낙후된 공공 청사 로비처럼 광택만 살아 있는 화강석 대공간에서 행인들의 소란은 스타벅스 카페처럼 메아리쳤고 수십 명의 유가족이 동시에 내지르는 통곡 소리는 정체 없이 뒤섞여 정신이 나갈 지경이었다. 뒤이어 망자의 화장 진행 상황이 스크린에 표시되고 수골실에서 뜨겁게 달궈진 유골함을 받아 건물을 빠져나오면 바로 앞에 옥외 흡연 구역이 있어 담배 태우는 사람들이 제일 먼저 눈에 들어왔다. 그렇게 흡연 구역을 지나치면 이번에는 로비로 들어서고 있는 또 다른 망자와 조문객을 마주치게 된다. 사랑하는 사람을 잃은 상실감이 지금 이 장면처럼 영원히 반복되리라는 암시처럼 말이다.

아무도 돌보지 않은 엔딩 크레딧, 이런 비극은 어디서부터 시작됐을까. 삶과 죽음에 대한 진지한 성찰 없이 쉬지 않고 돌아가는 공장 컨베이어벨트처럼 일일 수용 능력만을 따져 공간을 계획했기 때문이다. 승화원이라는 그럴듯한 이름이 붙었지만 이 건물은 장묘를 위한 '시설', 그 이상도 이하도 아니었다. 망자에 대한 존중도 남은 사람들을 위한 배려도 찾아볼 수 없었기 때문이다. 곰곰이 기억을 거슬러 올라가보면 어린 시절 경험했던 장례식 풍경은 지금과 달랐다. 30여 년 전 내 할아버지는 가족들이 모두 모인 집에서 돌아가셨다. 장례는 집 앞마당과 동네 골목길에 자리를 깔고 등을 밝혀 3일간 밤낮으로 계속됐다. 경건하지만 마을 축제처럼 생기 있었다. 하지만 임종 장소가 집에서 병원으로 바뀌고 장묘 문화가 매장에서 화장으로 빠르게 변화하면서 죽음은 삶의 공간에서 이탈해 의료와 행정의 영역이 되어버렸다. 공립 화장장에서 받은 충격은 우리 가족이 단란하게 모여 살 집을 짓고 싶다는 꿈을 가족 친지들을 위한 가족 추모공원을 지어야겠다는 절실함으로 바꿔놓았다. 품위 있는 삶도 영위하기 어렵지만 품위 있는 생의 마감은 더더욱 어려운 척박한 현실이다.

스웨덴 스톡홀름에는 1917년 군나르 아스플룬드Erik Gunnar Asplund와 시구르드 레베렌츠Sigurd Lewerentz가 공동 설계한 '우드랜드 묘지공원'이 있다. 유네스코 세계문화유산으로 지정된 이 아름다운 묘지공원에 들어서면 '회상의 숲'이라는 이름의 인공 언덕에 열두 그루의 느릅나무가 차가운 거석처럼 서 있다. 하지만 바람이 불어 길게 늘어진 느릅나무 잎사귀들이 손을 흔들기 시작하면 잊고 있었던 대지의 온기와 세월의 무상함이 살아나면서 우리를 망자의 땅으로 인도한다. 언덕을 지나 장례식장으로 사용된 '부활의 교회'까지 이어진 900미터 정도의 오솔길을 걸으면 울창한 자작나무 숲과 소나무 숲이 이어지고, 비석들이 폐허의 주춧돌처럼 널브러져 있어 자연으로 돌아간 망자들의 흔적을 어렴풋이 느낄 수 있다. '부활의 교회'에 도착하면 건물의 북측 입구와 서측 출구가 분리되어 있어 장례식 참석자들은 들어왔던 길과 다른 길로 나가도록 계획되어 있다. 여기서 산 자는 죽음의 공간에 잠시 발을 내

밀었다가 거두는 것이 아니라 망자와 함께 걸으며 삶과 죽음, 그리고 다시 삶으로 이어지는 순환의 고리를 체험한다.

공원 동측에 위치한 '숲의 교회'는 덴마크 리젤룬트 농가의 목가적 풍경에서 영감을 얻어, 우진각 형태의 경사 지붕은 나무널로 마감하고 건물의 입구인 포르티코는 장식을 배제한 목재 도릭 기둥으로 구성했다. 투박한 숲 속 오두막 같은 토착성은 기둥과 지붕으로만 구성된 건축의 원시적 형태, 원형Archetype에 대한 향수를 불러일으키고 이 예배당을 숲의 일부로 만든다. 하지만 반대로 건물 내부는 장식된 도릭 기둥과 매끈한 표면의 백색 돔, 판테온을 연상하게 하는 원형 천창으로 이루어져 있어 경건하고 우아한 고전미를 보여주고 있다.

1940년에 추가로 준공한 대규모 화장장은 공원의 수평적인 풍경을 해치지 않도록 건물의 높이를 최대한 낮추고 고전주의 양식의 정제된 조형으로 구성했다. 최신 시설을 갖춘 첨단 건축물임을 자랑하듯 투명 유리와 알루미늄 패널로 마감한 한국의 화장장 건물과는 사뭇 다른 모습이다. 이 건물 안에 있는 세 개의 예배당은 장례식에 참석한 유족과 조문객들이 서로 방해받지 않도록 세 개의 정원과 대기 공간으로 분리되어 있고 예술가들이 제작한 애도와 부활의 상징이 예배당의 청동문, 대리석 모자이크, 대형 벽화, 조각상, 제단과 의자 등을 장식하고 있다. 우드랜드 곳곳에는 산 자와 죽은 자, 모두를 위한 품위와 배려가 녹아 있는 것이다. 장엄한 자연의 품에서 산 자와 죽은 자가 서로의 흔적을 느끼며 대화하고 삶을 성찰할 수 있는 장소. 이곳에서 우리는 만인에게 평등한 죽음 앞에서 삶의 본질을 마주할 수 있다.

스페인 바르셀로나 인근에는 엔릭 미라예스Enric Miralles가 설계한 '이구알라다 공동묘지'가 있다. 경사지에 자리잡은 이 공동묘지는 지형과 건물이 만들어내는 바람길 때문에 입구까지 바람이 불어온다. '삶의 강'을 형상화한 내리막길에는 강물에 떠다니는 기다란 나뭇조각들이 불규칙하게 박혀 있어 바람길을 따라 불어오는 바람이 강을 움직여 물결이 일어난 것처럼 느껴진다. 삶과 죽음을 가로지르던 냉혹한 강물이 생명의 온기를 얻어 산 자를 죽은 자의 영토로 인도하는 것이다. 이 강을 따라 걷다 보면 땅에 정박된 배를 만나게 된다. 부드러운 유선형의 이 배는 두 개 층으로 구성된 납골당이다. 이곳은 건축가가 시적 상상력을 동원해 죽은 자들을 위해 산을 강으로 만든 은유의 공간이자 지형의 건축이다. 공동묘지 옆에는 실제로 작은 계곡이 흐르고 있어 자연과 인공의 모티브가 겹치며 이곳을 방문한 사람들에게 깊은 인상을 남긴다. 하지만 우리나라의 현실은 어떠한가. 산을 계단식으로 잘라 면적에 맞춰 분할한 공동묘지는 삭막한 공장이나 학교와 다르지 않다. 살아서도 면적에 맞춰 살고 죽어서도 면적에 맞춰 살아야 하는 것이다.

메멘토 모리memento mori, 항상 죽음을 기억하라는 라틴어 구절이다. 하지만 우리는 죽음을 질병이나 사고와 연관시켜 금기시하고 끔찍한 악몽 정도로 생각하다가 어느 날 갑자기 준비 없이 죽음을 맞는다. 윌리엄 포크너의 소설 『내가 죽어 누워 있을 때』 주인공 애디 역시 마찬가지였다. 병상에 누운 그녀는 삶의 끝자락에서 '살아 있는 이유는 죽음을 준비하기 위해서'라는 아버지 말의 의미를 뒤늦게 깨닫고 집을 청소하듯이 삶을 정리한다. 큰아들에게 자신이 들어갈 관을 만들게 하고 죽어서 누울 땅을 선택한 것이다. 그녀는 무능한 남편과 아이들에게 빼앗긴 완전한 고독을 되찾기 위해 집에서 40마일 떨어진 친정 근처에 자기를 묻어달라고 유언한다. 시작점으로의 회귀는 그녀에게 어떤 의미였을까. 지난 삶을 회고하며 죽음을 준비할 수 있는 기회가 누구에게나 주어지는 것은 아니지만 우리가 죽음을 돌보는 방식은 삶을 돌보는 방식과 크게 다르지 않다.

1 숲의 교회, 우드랜드 묘지공원, 군나르 아스플룬드, 스톡홀름, 1920

2 숲의 화장장, 우드랜드 묘지공원, 군나르 아스플룬드, 스톡홀름, 1940

3 이구알라다 공동묘지,
엔릭 미라예스,
바르셀로나, 1994

4 우연과 불완전함

못생기게 사진 찍으며 놀다

18세기 독일 극작가 고트홀트 레싱Gotthold Ephraim Lessing의 희곡 「현자 나탄」에는 반지 우화가 등장한다. 우화의 내용을 간단히 소개하면 다음과 같다. 옛날 동방의 어느 가문에 신통력을 지닌 반지가 전해 내려오고 있었다. 이 반지를 낀 사람은 신과 인간의 사랑을 받고 가문의 대표가 되었다. 반지를 가지고 있던 아버지에게는 아들이 셋 있었고 아들 모두를 지극히 사랑했던 아버지는 은밀히 세공사를 불러 반지 모조품 두 개를 만들게 했다. 세 아들은 각각 반지를 상속받았고 아버지가 돌아가시자 분란이 일어나 재판장 앞에 섰다. 그들은 본인의 반지가 유일한 진짜이며 다른 형제들이 자신과 가족들을 속이고 있다고 주장했다. 이에 재판장은 이렇게 충고한다. "너희가 각각 반지를 아버지한테서 받았다면 자기 반지가 진짜라고 믿어라. 아버지는 너희 모두를 사랑했고 너희는 아버지의 공평하고 편견 없는 사랑을 본받아야 한다. 자기 반지에 박힌 보석의 신통력을 현현시키기 위해 경쟁하라." 반지의 신통력에 기대지 말고 삶의 현장에서 신과 사람의 사랑을 받기 위해 노력하다 보면 자신의 반지가 진짜 반지가 된다는 의미다.

눈치 챈 독자도 있겠지만 여기서 세 아들은 기독교, 유대교, 이슬람교를 상징한다. 하지만 이 우화는 종교에만 국한된 이야기가 아니다. 우리는 지금도 나만이 참종교라고 주장하는 타협할 수 없는 수평선들에 둘러싸여 있고 때로는 재판장 앞에서 원고가 되거나 피고가 되고 무명의 방청객으로 자리를 지키기도 한다. 명쾌한 심판을 원하기 때문이다. 반지 우화 마지막에서 재판장은 세 아들을 법정에서 쫓아내며 다시 말한다. "너희의 노력이 반지의 신통력으로 현현하면 수만 년 뒤에 너희의 후손을 다시 이 법정에 부르겠노라. 그때는 나보다 현명한 사람이 이 자리에 앉아 판결할 것이다. 이제 그만 돌아가거라." 법정을 빠져나온 우리에게 필요한 것은 판단할 수 없는 것에 대한 순간의 심판이 아니라 다름을 인정하는 관용, 세대를 이어가는 지속적인 실천과 탐구가 아닐까. 내가 가진 반지의 신통력이 현현하리라는 믿음은 타인의 반지에 대한 존중을 바탕으로 해야 하고, 경쟁은 쓸모없는 것을 가려 버리는 '정리'가 아니라 관계를 정연하게 하는 '정돈'의 과정으로 생각해야 한다.

하지만 반지 우화가 우화인 이유는 현실이 그만큼 녹록지 않다는 반증이기도 하다. 우리는 정도만 다를 뿐 조직의 권위를 수동적으로 받아들이거나 경쟁을 약자를 도태시키는 힘의 논리로 배워왔다. 어떤 문제에는 하나의 필연적인 정답이 있다는 생각, 그 정답이 모든 사정을 설명할 수 있다는 믿음, 오답을 선택한 사람을 정답으로 선도해야 한다는 사명감이 이런 논리를 구성하고 있다.

'시대를 관통하는 하나의 정신', 시대정신Zeitgeist이 인류의 모든 문화적 소산을 대표한다는 근대의 배타적 패러다임 역시 이런 세계관을 반영한 것이었다. 과학의 역사를 보더라도 19세기까지 고전 물리학은 모든 자연현상을 원인과 결과라는 기계적 인과 관계로 설명했기 때문에 이들에게 세계는 필연이고 우연이란 존재하지 않았다. 설명할 수 없는 자연현상은 아직까지 객관적으로 규명하지 못했을 뿐 언젠가는 그 속에 숨겨진 하나의 원리를 찾아낼 수 있으리라 믿었기 때문이다.

하지만 20세기 양자역학의 발전은 불확정성과 우연, 확률의 가능성을 발견하는 계기가 되었고 기계적 숙명론은 '완성되지 않은 미래'라는 유연한 개념으로 대치되었다. 세계는 이제 신이 설계해놓은 인과율에 의해 미리 결정된 것이 아니라 작은 나비의 날갯짓이 뉴욕에 태풍을 일으킬 수 있다는 나비효과처럼 미시적인 관계들이 확률로 조합된 잠재성의 영역이 된 것이다. 세계를 규정하는 하나의 원리가 없다는 생각은 '전체'에서 '부분'으로 가치가 이동하는 거대한 패러다임의 전환이었고 이런 변칙적 사고는 포스트모더니즘이라는 사조와 맞물려 세계사적 변동을 초래했다. 그리고 현대 건축 역시 이러한 흐름의 연장선상에 있었다.

1981년 프리츠커상을 수상한 영국 건축가 제임스 스털링James Stirling은 '레스터대학교 공과대학 건물'을 설계하면서 적벽돌과 타일, 투명 유리와 불투명 유리라는 제한된 재료를 사용했지만 건물 형태는 하나의 조형 언어로 설명하기 힘들 만큼 다양한 입체를 산만하게 병치시키며 조합했다. 각각의 독특한 조형은 실험실, 강의실, 행정실 등 용도별로 구분한 것이었지만 공간의 기능과는 명확한 연관 관계가 없었다. 기능에 따라 형태를 결정하고 통일된 어휘로 전체를 구성했던 근대 건축과는 전혀 다른 접근 방식이다.

빌바오 구겐하임 미술관을 설계한 건축가로 유명한 프랭크 게리Frank O. Ghery의 초기작 '산타모니카 자택' 역시 마찬가지다. 이 건물은 기존 주택을 증축하면서 주변에서 쉽게 구할 수 있는 목재, 골강판, 철망 등의 저가 자재들을 모아 현장에서 즉흥적으로 구성한 듯 엉성하게 시공했는데 이러한 시도는 구성의 엄밀함이나 완결성이 아니라 일상적이고 진부한 사물들이 어색하게 공존하면서 발견되는 예술적 가능성을 실험했던 것이다.

이들 이후 본격적으로 등장하는 포스트모더니즘 건축은 코린트식 기둥이나 아치 같은 고대 그리스 로마 건축의 역사적 상징물들을 차용하거나 미국식 대중문화를 상징하는 팝아트 작품을 흉내 내기도 한다. 예를 들어 로버트 벤투리Robert Charles Venturi는 '길드 하우스'라는 양로원을 설계하면서 옥상에 거대한 텔레비전 안테나를 설치하고 정면에서 봤을 때 안테나가 건물의 얼굴을 구성하는 장식 요소처럼 보이도록 디자인했다. 그에게 안테나는 늙은 오후 거실에 앉아 텔레비전을 보며 시간을 보내는 미국의 '보편적 노인'을 상징하는 사물이었고 심지어 그는 "미국에는 텔레비전이 있기 때문에 유럽처럼 광장이 필요하지 않다"라고 주장했다! 노인들의 적극적인 사회참여를 독려하는 지금 기준에서 보면 쉽게 이해가 가지 않지만 대중문화와 소비 문명이 규모의 경제를 이루어가던 80년대 미국의 현실은 이러한 생각을 가능케 했고 시계탑처럼 솟은 금속 안테나는 십자가를 대신해 세상을 밝히는 시대의 등불이 되었다.

디즈니랜드처럼 진짜와 가짜가 묘하게 뒤섞여 있던 포스트모더니즘 건축은 비슷한 시기 국내에도 소개되어 도시 경관에 녹아들었다. 2000년대 중반까지만 해도 그리스 고전 건축양식을 흉내 낸 관공서, 예식장, 모텔 등을 주변에서 흔히 볼 수 있었고 수산물 식당 간판에는 으레 거대한 물고기나 바닷가재 모형이 올라타 있었다. 포스트모더니즘 건축이 미국식 대중문화와 함께 유입되면서 귤이 회수 건너 탱자가 된 것처럼 조악하게 변질됐다고 말하는 사람도 있지만 미국에도 비범한 포스트모더니즘 건물과 조악한 포스트모더니즘 건물이 공존했던 걸 보면 이런 평가는 온당치 않은 것 같다. 부분과 다양성의 가치를 회복하고자 했던 포스트모더니즘 건축의 정신을 보지 않고 작품 완성도에 따라 우열을 가린다는 것 자체가 난센스일지도 모른다. '못생기게 사진 찍기' 놀이를 하면서 못생김의 구도와 표현을 겨루는 것이 무슨 의미가 있을까. 그들이 의도했던 것은 모더니즘 건축의 경직된 사고에서 벗어나 자유로운 언어로 소통하며 대안을 찾아나가는 것이었다.

포스트모더니즘 건축이 대중적 기호나 상징 언어를 이용해 부분의 가치를 회복하고 이웃과 소통하고자 했다면 지역성을 기반으로 절제된 조형 실험을 통해 우연과 불완전함의 가능성을 탐구한 건축가도 있다. 스웨덴 건축가 시구르드 레베렌츠는 클리판에 위치한 '성베드로 교회'를 설계하면서 벽의 길이를 맞추기 위해 벽돌을 잘라 쓰지 않고 모두 온장으로 마감했다. 벽돌이 튀어나오면 튀어나온 대로 두고 줄눈을 두껍게 발라 벽돌이 견고하게 쌓인 벽이 아니라 벽에 붙은 가벼운 타일처럼 보이게 했다. 그렇다고 현장에서 즉흥적으로 계획 없이 시공한 것은 아니다. 시공에 대한 폭넓은 지식을 가지고 있던 그는 조적공들이 올바른 방법과 절차를 따르도록 감독했으며 일정한 조적술을 숙지한 후에만 시공에 참여하도록 했다. 이러한 레베렌츠의 시공법은 우연과 불완전함을 계획하고 그 효과를 적극적으로 이용한 것이다. 관습에서 벗어난 불규칙함과 변형된 형태, 우연과 발견의 기술은 자의적 구성, 견고한 질서, 일체성을 해체하는 현대미술의 레디메이드 작품들에서 보이는 감성과 유사하다.

사실 건축 현장에서 시공성 또는 사용성을 고려하다 보면 벽돌이나 타일을 잘라 쓸 수도 있고 반대로 조형적 완성도를 높이기 위해 조각이 온장으로 맞아떨어지도록 사전에 벽의 길이를 조정할 수도 있다. 하지만 튀어나온 벽돌이 만들어내는 불완전함을 있는 그대로 수용하는 것은 옳고 그름을 넘어 그 안에서 새로운 가능성을 발견하고자 하는 시도다. 의도치 않은 불완전함이 주는 우연의 효과는 일정한 틀로 재단되지 않는 삶의 진정성을 드러내는 기회가 되기 때문이다.

레베렌츠는 「이사야서」의 '부러진 갈대를 꺾지 않고 꺼져가는 심지를 끄지 않으리라'는 구절을 인용하며 우리는 벽돌처럼 작고 미미하지만 임의로 재단할 수 없는 귀한 존재이기도 하다는 의미를 건물에 담았다고 말했다. 얼핏 종교적 언사로 보일 수도 있지만 그의 건축 철학에는 인간성을 중심에 놓은 인본주의자의 흔적이 고스란히 남아 있다. 그래서 그런지 그의 건축은 말쑥하게 차려입어 다가가기 힘든 신사가 아니라 자기만의 언어로 삶을 진지하게 살아가는 어릴 적 친구 같은 친밀함이 있다.

레스터 공과대학, 제임스 스털링,
영국 레스터, 1963

1 게리 하우스, 프랭크 게리, 캘리포니아 산타모니카, 1991

2 성베드로 교회, 시구르드 레베렌츠, 스웨덴 클리판, 1966

5 최초와 최후

인류의 고향을 탐구하다

철학가 게오르크 헤겔은 무형의 '소리'를 매개로 하는 음악을 회화나 조각보다 높은 수준의 예술이라고 칭송했다. 예술 양식에 따라 위계가 있었던 것이다. 그에 따르면 예술은 물질적 매개를 거치지 않고 인간의 순수한 정신 활동을 직접적으로 표현할수록 진정한 아름다움에 가까워진다. 이러한 주관성을 기준으로 평가하면 예술을 시, 음악/회화, 조각/건축 순으로 줄 세울 수 있다. 가장 초보적 수준의 상징 예술이자 거대한 물리적 실체인 건축은 음악에 비해 서양 근대 예술철학 위계에서 한참 아래 자리하고 있었던 셈이다. 그래서인지 건축가들은 항상 음악을 사랑했고 질투했다.

르네상스 예술가의 필수 교육과정이 산술, 기하, 천문, 음악이었던 것만 보아도 당시 음악의 예술적 지위는 대단했다. 르네상스 건축가 팔라디오의 저서 『건축4서』에 등장하는 빌라 건축은 16세기 대위법의 원칙을 따랐고 건축가이자 이론가였던 알베르티는 공간의 비례 사용에 있어 음악적 척도를 권고했다. 이러한 전통은 오늘날까지 이어져 예술인 중에는 음악가에 대한 묘한 동경을 가진 사람들이 많다. 그런데 이런 동경이 단순히 오랜 예술 교육의 결과일 뿐일까. 혹시 그보다는 음악이 인간의 본성과 직관에 가장 가까운 '소리'를 다루고 있기 때문은 아닐까.

사람은 어머니의 뱃속에서 눈이 발달하기 전에 귀로 먼저 세계와 만난다. 그리고 죽어서 시각을 잃은 후에도 마지막까지 살아 있는 감각은 청각이다. 소리는 인간 최초의 감각이자 최후의 감각인 셈이다. 이렇게 생각하면 음악에 쉽게 호응하고 환호하는 우리의 모습이 당연한 것도 같다. 하지만 다른 한편에서 보면 우리는 소리보다 음악에 익숙한 삶을 살고 있다. 스튜디오에서 생산된 음악이 가공되지 않은 소리의 원형에서 멀리 떨어져 나왔기 때문이다. 화성학이나 대위법 같은 음악 이론은 호기로운 지적 호기심을 자극하고, 숙련된 연주자의 정교하고 장려한 연주는 무의미함을 탐독하며 진부해진 삶의 장면들을 견뎌낼 힘을 주지만, 우리가 진정 살아 있음을 느끼는 것은 음악이라는 사물을 소비할 때가 아니라 계단을 오를 때 가슴을 때리는 심장박동 소리, 귓등을 스치는 날카로운 바람 소리, 복도를 울리는 내 발자국 소리를 통해 나라는 존재를 자각할 때가 아닌가.

소리의 높낮이와 길이를 표현하는 악보를 유량악보라고 한다. 서양에는 우리가 흔히 알고 있는 가로 다섯줄의 오선보가 있고 우리나라에는 조선시대 세종이 창안한 동양 최초의 유량악보 정간보井間譜가 있었다. 구체적인 기보법에는 차이가 있지만 유량악보는 공통적으로 마디나 정간으로 일정하게 나누어진 시간 위에 소리를 수직적으로 쌓고 수평적으로 배치한다. 소리를 계획하고 통제하는 것이다. 하지만 오선보와 정간보 이전의 음악, 구전되어 내려온 소리의 원형은 어떠했을까? 각각의 음이 가지고 있었던 고유한 시간의 흐름은 정량화되고 직선적인 고전 물리학의 시간과 다르다. 농가에서 일하며 부르던 노동요는 작곡가가 연주자고 연주자가 관객이었다. 날이 고되고 일이 고되면 소리도 고되다. 하늘과 바람이 땅과 사람을 너그러이 품으면 소리도 부드럽다. 악보가 매일 갱신되어도 뭐라는 사람은 아무도 없다. 인간이 보편공간 위에서 기계로 진화하기 이전에는 인간과 소리가 하나였기 때문이다. 고대 그리스에서는 인간의 주관이 개입된 이러한 질적 시간, 결정적 순간을 양적 시간과 구분해서 카이로스kairos라 불렀다.

음악과 마찬가지로 건축에도 동굴, 자궁, 원시적 오두막과 같은 원형 공간 혹은 원형적archetypal 이미지가 존재한다. 공간의 원형, 본질을 탐구하려는 시도는 근대 건축의 거장 루이스 칸처럼 순수 기하학의 구성으로 표현되기도 하고 일본의 세계적인 건축가 도요 이토처럼 유동하는 공간 구조로 표현되기도 하는데, 이들의 공통점은 근대적 시공간 이전에 존재했었던 인류의 고유한 기억과 장소를 복원하려 했다는 것이다. 때 묻지 않은 심원이고 인류의 고향이다.

미국에서 가장 영향력 있는 현대 건축가 중 하나인 스티븐 홀Steven Holl은 '스트레토 하우스'에서 현대음악 작곡가 벨라 바르톡의 곡을 물리적 실체로 번역해 '빛으로 연주하는 공간'을 계획했다. 이 건물에서 빛과 사물의 물성을 이용해 공간에 생명력을 불어넣은 그의 건축은 고대인의 제의 음악처럼 원시적인 느낌을 준다. 그가 설계한 대학 기숙사 건물은 어둡고 굴곡진 동굴을 닮았고 채플은 다공질 암석처럼 빛을 빨아들이며 미술관은 지하에 은폐된 고대 도시를 연상하게 한다. 3차원 공간에 지붕, 벽, 바닥을 세우기 위한 질서의 엄밀함이나 투명한 구축 원리보다 인간이 장소를 경험할 때 일어나는 감각적 반응, 우리 몸이 체험하는 동시적 현상을 밀도 있게 다루는 건축적 통찰을 가졌기 때문이다. 이론과 실무를 오가며 생기는 간극 탓인지 '현실과 동떨어진 현학적 건축 실험'이라는 일부의 비평도 있지만 그의 건축이 가진 힘, 현대인에게 주는 감동은 빛과 바람이 손끝을 스치는 순간의 감응에서 피어난다. 우리가 잃어버리거나 잃어버린 줄도 모르고 있었던 최초와 최후의 통합적 감각. 시작과 끝을 연결하는 인류의 숨겨진 차원.

나는 생각지 못한 곳에서 음악을 듣다가 눈물 흘린 적이 있다. 그곳은 웅장한 클래식 전문 공연장도, 수만 명이 운집한 해외 유명 아티스트의 콘서트장도 아니었다. 어느 날 우연히 찾은 교회 유아부 교실에서 다섯 살 아이들이 음정, 박자를 무시하고 엉터리로 부르는 찬송가를 들었을 때 나는 뒤에서 몰래 눈물을 흘렸다. 거기에는 유럽의 고딕 성당에서 울려 퍼지던 정제된 성가가 주지 못한 감동이 있었다. 벌거벗은 인간이 신과 가장 순수하게 마주하는 순간의 소리였다. 프랑스의 작가 귀스타브 플로베르는 '신은 디테일에 있다'라고 말했지만 그 순간만큼은 신이 삶을 엉성하게 이어붙인 내 앞에 와 있는 것 같았다.

서양에서는 각 시대별로 당시 최고 기술과 인력, 자원을 동원해 가장 크고 화려하고 성스러운 성당을 지었다. 베드로의 무덤 위에 지어진 바티칸 성베드로 대성당이나 1883년 착공해서 현재까지 공사 중인 바르셀로나의 성가족 성당처럼 말이다. 하지만 인류 최초의 교회는 구약 「창세기」에 등장하는 야곱이 장자인 형의 상속권을 빼앗으려고 속임수를 썼다가 쫓기는 도망자 신세가 됐을 때 등장한다. 야곱은 광야에 놓인 큼직한 돌을 베개 삼아 자다가 꿈에서 하나님을 만나고, 베고 있던 돌을 기둥으로 세우며 '여호와께서 여기 계시거늘 내가 알지 못하였도다. 이곳이 하나님의 집이요 하늘의 문이로다'라고 말한다. 그곳 이름이 벧엘, '하나님의 집'이다. 이 돌덩이는 '야곱의 돌베개'라는 이름으로 스코틀랜드와 잉글랜드 국왕의 대관식 옥좌로 쓰였고 1953년 즉위한 엘리자베스 2세 여왕도 이 돌 위에서 왕관을 썼다. 두 나라는 왕의 권위와 신성을 상징하는 돌의 소유권을 놓고 수 세기 동안 다투며 최근까지도 외교 분쟁을 이어갔다. 이 돌을 실제로 보면 국가적 자존심이 달린 중요한 물건치고는 너무나 투박해 보여서 의아할 수도 있지만 인류가 이성으로 측정할 수 없는 원형의 신성은 우리 주변에서 흔히 볼 수 있는 평범한 사물의 모습일 수 있다. 만약 '야곱의 돌베개'가 고대 그리스의 대리석 조각상처럼 정교하게 창작된 모습이었다면 어떠했을까. 감동은 있지만 눈물을 흘리지는 않았을 것 같다. 내가 그날 다섯 살 아이들이 엉터리로 부르는 찬송가를 듣고 눈물을 흘렸던 것도 이런 다듬어지지 않은 원형의 신성을 마주했기 때문이다.

바티칸 성베드로 대성당에는 미켈란젤로의 3대 조각 중 하나인 〈피에타〉가 전시되어 있다. 성모가 십자가에 못 박힌 예수를 자애롭고 편안한 자세로 무릎 위에 안고 있는 이 작품에서 우윳빛 대리석으로 표현된 성모의 표면은 젊고 아름답고 매끄럽다. 유한하고 제한된 삶 너머 어딘가에 있을 것만 같은 낯설지만 매혹적인 신성이다. 그런데 밀라노에는 미켈란젤로가 죽기 전 마지막으로 작업했던 또 하나의 피에타, 〈론다니니 피에타〉가 있다. 미완의 작품이지만 여기서 성모는 의식을 잃고 힘없이 축 늘어진 무거운 예수를 뒤에서 끌어안고 절규하는 것처럼 보인다. 형태는 일그러지고 표면은 거칠다. 바티칸의 〈피에타〉가 그리스 신전의 수려한 대리석 조각이라면 밀라노의 〈피에타〉는 광야에 버려진 '야곱의 돌베개' 아닐까.

하이데거는 '그리스 신전은 돌을 더 돌같이 나타낸다'고 말했다. 실제 우리가 마주하는 돌, 그 너머에 있는 돌의 가공된 이미지다. 그러고 보면 정도의 차이는 있지만 우리는 언제나 돌이 아닌 돌의 이미지에 노출되어 있는 셈이다. 반면 야곱의 돌베개는 어쩌면 진짜일지도 모를 돌 그 자체, 불투명한 베일을 걷어내고 만난 최초의 상태다. 역사와 문명을 거슬러 올라가 인류 '최초'의 땅에 발 닿았을 때 우리는 조용히 마음을 낮출 수밖에 없다. 거기서 '최후'를 발견하게 되기 때문이다. 최초이자 최후, 내가 다시 돌아갈 곳이다.

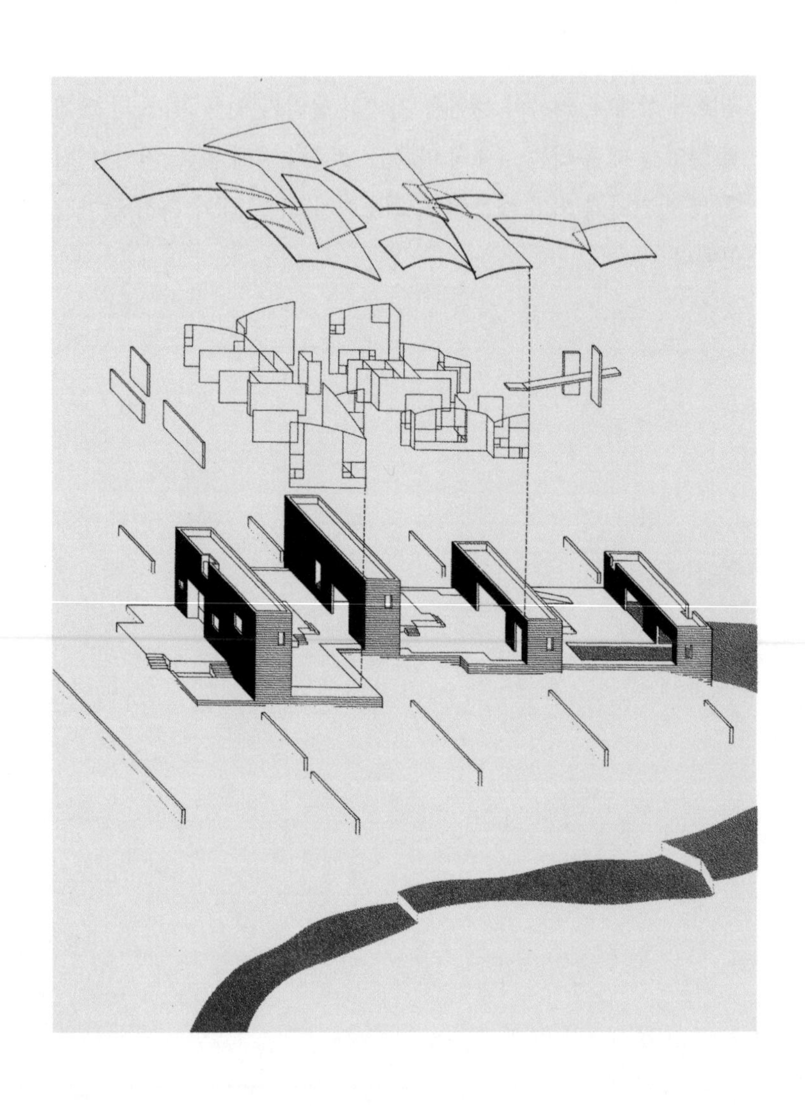

오선보를 연상케 하는 스트레토 하우스,
스티븐 홀, 텍사스 댈러스, 1991

동굴의 원형적 이미지, MIT 기숙사, 스티븐 홀,
매사추세츠 케임브리지, 2002

론다니니 피에타, 미켈란젤로,
밀라노, 1564

6 기억과 부재

빈자리에서 당신을 떠올리다

시그램 빌딩을 설계한 근대 건축의 거장 미스 반 데어 로에Mies van der Rohe는 "고층 빌딩을 설계하는 것보다 작은 의자를 설계하는 것이 더 어렵다"라고 말했다. 의자 역시 건물과 마찬가지로 기능성, 내구성, 심미성 등을 고려해 디자인하지만 의자의 진정한 의미는 의자를 사용할 때가 아니라 의자의 주인이 자리를 비웠을 때 그의 부재를 드러낸다는 것에 있기 때문이다. 나와 아내, 다섯 살 딸아이가 사는 우리 집 식당에는 의자가 다섯 개 있다. 아내는 창을 바라보고 앉고 나는 그 맞은편에 앉고 가운데 딸아이가 앉는다. 나머지 두 개 의자 중 하나는 딸아이가 고심 끝에 신중히 선택한 애착인형 자리고, 다른 하나는 고갈될 염려가 없는 유전처럼 한없이 솟아나는 딸아이의 빨랫감 자리다. 결혼 후 7년 동안 이 자리 배치는 변함이 없었다. 아이가 태어나기 전에도 식탁 가운데 자리는 나중에 태어날 우리 아이의 자리라고 앉지 않고 비워 두었다. 지금도 아내와 신혼을 회상하면 비어 있었던 가운데 의자와 딸아이의 탄생이 겹쳐 보인다. 탁 트인 전망을 마주한 아내 자리가 더 좋은 자리지만 나는 집에서 혼자 식사할 때도 아내 자리에 앉지 않는다. 눈앞에 없어도 아내의 빈 의자는 가족이라는 따듯한 보금자리를 느끼게 해주고, 평소처럼 내 의자에 앉아 맞은편 아내 자리를 바라보고 있어야 혼자 남은 이 순간을 무사히 건너갈 수 있기 때문이다.

의자는 주변에서 흔히 볼 수 있는 일상적 사물이지만 의자의 주인이 살고 있는 가장 작은 집이기도 하다. 그래서 남의 의자에 앉는 것은 주인 없는 집에 함부로 들어가는 것처럼 마음이 불편하다. 지하철이나 공원에서 흔히 볼 수 있는 주인 없는 빈 의자는 어떨까. 우리는 내 앞에 놓인 빈 의자를 바라보며 마음속 누군가를 떠올린다. '존재를 표상하는 부재', 빈자리가 일깨운 관계의 요구다. 디즈니 애니메이션 〈코코〉에서 망자는 '죽은 자들의 세상'에서 현생 이후의 삶을 살아가다가 현생에서 그를 기억하는 사람이 모두 사라지면 그제야 먼지로 소멸한다. 타자와의 관계가 사라지면 존재도 티끌처럼 작아지다가 사라지는 것이다. 마음이 홀로 올곧게 서있을 때 빈 의자는 0.2제곱미터의 솟아오른 바닥에 지나지 않지만, 우리가 한곳에 정착하지 못한 기억과 공허함으로 고통받을 때 빈 의자는 하나의 거대한 세계가 된다.

영국 최고의 현대미술상인 터너상Turner Prize을 수상한 첫 번째 여성 작가 레이첼 화이트리드는 1993년 건물을 콘크리트로 캐스팅한 〈하우스〉라는 작품을 제작했다. 이 작품은 '사라진 무형의 집'을 견고하고 강한 물성을 가진 콘크리트로 재현함으로써 인간의 유한성과 죽음을 표현하고 있다. 2000년 발표한 〈홀로코스트 기념비, 이름 없는 도서관〉 역시 콘크리트로 캐스팅한 도서관 건물의 안팎을 뒤집어 이름 없이 사라져간 존재들을 건물 밖으로 끄집어내고 있다. 그녀의 작품에서 부재는 필연적으로 기억과 연관된다.

뉴욕 MoMA를 설계한 일본의 건축가 다니구치 요시오는 "내게 충분한 공사비만 있다면 건물을 완전히 사라지게 할 수도 있다"라고 말했지만 그가 말하는 사라짐은 기억과 연관된 부재가 아니라 '사라진 것처럼 보이는' 물질적 실체와 지각의 차원이다. 우리가 쉽게 떠올리는 미니멀리즘 건축은 대부분 이런 경우다. 하지만 공간을 비우고 디테일을 단순화하는 생략의 감각과 부재를 표상하는 것은 다르다. 근대 건축가 아돌프 로스는 건축에는 쓰임새를 위한 건물과 기억을 위해 시간을 숙고하게 만드는 기념비가 있다고 말했다. 걷다가 우연히 마주친 흙더미를 보고 옷깃을 여미는 기분을 느꼈다면 거기서부터 건축이 시작된다는 것이다. 우리는 쾌적성, 효율성, 경제성이 아니라 기억과 회상을 통해 과거를 들여다보고 현재를 다시 생각할 때 옷깃을 여미는 감정을 느낀다. 삶과 죽음, 존재와 부재, 덧없음을 시적으로 드러낼 때 건축은 과거와 현재 그리고 미래로 이어지는 '기념비'가 된다.

기억에는 사회가 보편적으로 공유하는 공적 기억과 개인이 간직하고 있는 독자적 기억이 있다. 베트남전 참전 용사 기념관이나 홀로코스트 기념관 같은 시설은 한 사회가 공유하는 공식적인 기억을 재현하는 대표적인 장치다. 죽은 자들을 위해 마련해둔 빈 자리가 산 자들의 걸음과 나란히 보조를 맞출 때 우리는 세대를 뛰어넘어 시간을 건설하는 위대한 건축의 진수를 느낀다.

조선시대 35명의 왕과 그의 비, 공신의 신위가 모셔진 종묘의 입구인 외대문에 들어서면 길 한가운데 바닥보다 조금 높은 박석이 세 가닥 놓여 있다. 가운데 길은 혼령이 드나드는 신로, 그 오른쪽은 왕이 걷는 어로, 왼쪽은 왕세자가 걷는 세자로다. 함께 걷던 세 가닥의 박석은 종묘의 중심 건물인 정전 앞에서 두 갈래로 나뉘고 혼령이 걷는 신로는 정전의 정문 역할을 하는 남문으로 향한다. 남문은 평소에는 닫혀 있다가 제례 때만 혼백의 출입을 위해 열린다. 어로와 세자로는 제례를 준비하는 사람들의 대기 장소인 동문으로 이어지고 산 자는 모두 이곳으로 출입한다. 종묘의 모든 공간 구조는 죽은 자와 산 자가 함께 걷다가 각자의 자리로 돌아가도록 구성되어 있다.

미국 건축가 피터 아이젠만Peter Eisenman과 조각가 리처드 세라Richard Serra가 공동 설계한 베를린의 '홀로코스트 메모리얼 파크'는 축구장 세 개 크기의 넓은 땅에 높이를 달리하는 2,711개의 잿빛 사각 콘크리트 블록이 비석처럼 격자형으로 줄지어 서 있다. 그 사이사이에는 석재 타일로 마감된 미로처럼 좁은 길들이 크고 작은 인공 언덕의 움푹한 지형 위에 투영되어 있다. 공원 외곽에는 무릎 높이의 낮은 블록들이 이어져 있어 일상 속 한가로운 도심 공원 같은 풍경이다. 하지만 공원 중심으로 향할수록 지형은 접시 모양으로 완만히 낮아지고 콘크리트 블록의 높이는 4미터에 이를 정도로 높아지면서 차갑고 어두운 침묵의 공간이 나타난다. 우리는 이곳에서 소통할 수 없는 타자에게 둘러싸여 홀로 고립된 절망의 순간을 체험한다. 일상이 추모로 자연스럽게 연결되는 것이다. 일상 공간과 추모 공간을 벽이나 담장으로 경계 짓지 않고 완만한 인공 언덕 위에 연속적으로 이어지도록 디자인한 것은 언제든지 반복될 수 있는 비극을 일상 속에서 상기시키기 위함이었다. 이 공원의 위치 역시 도심 외곽이 아니라 멀리 연방의회 의사당의 유리 돔이 보이는 도심 주택가 한가운데 자리하고 있다. 위령비나 추모관을 혐오 시설로 생각해 도심 외곽으로 밀어내는 우리의 현실과는 사뭇 다르다.

종교 시설 역시 눈에 보이지 않는 신의 존재를 부재를 통해 표상하는 믿음과 신념의 집이다. 고대 그리스에서는 신을 찬미하기 위해 이상적 형태의 조형을 목표로 윤곽이 분명하게 드러나는 신전 조각을 사용했고, 중세 고딕 시대에는 사물의 윤곽을 흐릿하게 하는 공간을 가득 채우는 빛과 그림자의 효과를 이용했다. 시대마다 방법은 달랐지만 이들이 의도했던 것은 모두 영원으로 향하는 신성한 구원의 시간이었다. 하지만 이 신성이 일상과 명확히 구분되지는 않았다. 유럽의 성당들은 광장과 함께 도심 주요 입지에 위치해 있었고 실내지만 옥외 광장처럼 공적 영역으로 기능했다. 1748년 로마의 측량사 잠바티스타 놀리Giambattista Nolli가 베네딕

투스 14세 교황의 위탁으로 제작한 로마 실측 지도를 보면 도시 블록은 검은색으로 채색되어 있지만 성당의 내부 공간은 가로, 광장과 함께 하얀색으로 비워져 있다. 당시 사람들은 성당을 개방된 공적 영역의 일부로 본 것이다. 신을 위해 비워둔 신성한 공간이 고귀한 생명력을 유지할 수 있었던 것은 도시민의 일상 속으로 녹아들어 공동체가 공유하는 집단 기억의 일부가 되었기 때문이다.

사회가 공유하는 공적 기억과 별개로 개인적 차원의 독자적 기억, 기념비는 충혼탑 같은 거대한 사물이 아니라 삐뚤어진 계단 난간, 돌에 박힌 유리 조각, 빛바랜 나무 패널, 창문에 맺힌 이슬, 물이 말라버린 수반이 될 수도 있다. 사적 기억은 나의 역사, 기록된 의식의 역사와 기록되지 않은 무의식의 역사를 모두 포함하는 주체의 고고학이자 문신처럼 몸에 새겨진 번역되지 않은 삶의 이력이기 때문이다.

이러한 개인의 내밀한 기억과 순간적인 인상, 표현할 수 없어 차라리 침묵해야만 하는 심상은 글이나 말로 발화하면서 필연적으로 내면과 표면 사이의 간극을 동반한다. 그리고 우리는 이 간극이 극히 좁은 사람을 예술가라고 부른다. 예술가는 도구를 가리지 않고 자기를 표현함에 있어 특출한 능력을 가지고 있다. 하지만 간극은 상대적인 개념이기도 하다. 섬세하고 예민한 사람이 있는가 하면 무던하고 소탈한 사람도 있다. 간극이 크든 작든 우리 모두는 '지금은 없는 것'에 대한 원시적 감각을 가지고 있고 개인적인 기념비를 가슴에 하나씩 품고 있다. 안톤 체호프의 희곡 「벚꽃 동산」에서 로파힌이 베어버린 과수원의 벚나무 같은 것 말이다. 모든 존재는 지금도 사라지고 있다. 나를 포함해 사라지는 모든 것들에 대한 깊은 관심과 애착을 보이는 것, 거기서부터 기념비가 시작한다. 훼손할 수 없는, 훼손되어서는 안 되는 나와 당신과 우리의 기억.

1 비엔나 홀로코스트 메모리얼, 레이첼 화이트리드, 2000

2 베를린 홀로코스트 메모리얼 파크, 피터 아이젠만, 2005

로마 지도,
잠바티스타 놀리,
1748

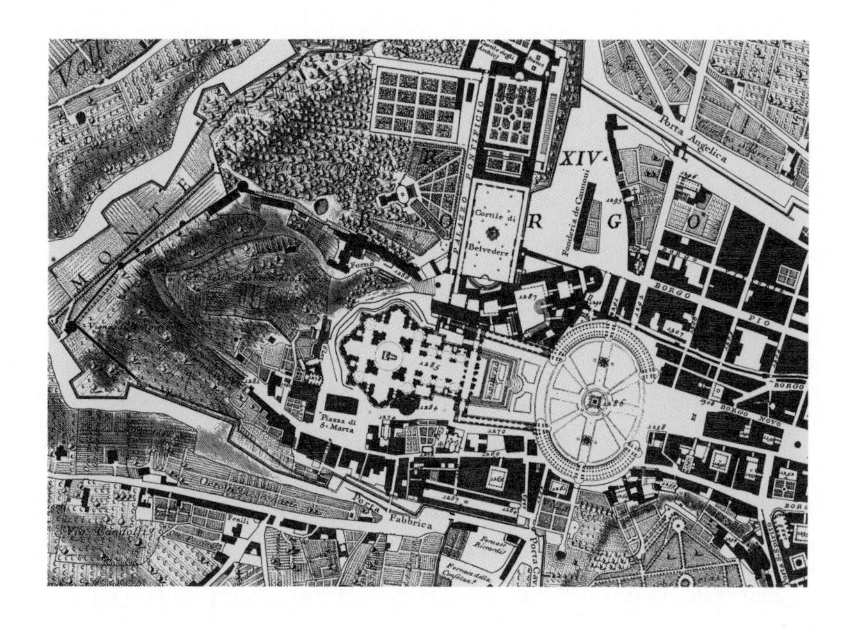

7 새로움과 혁신

남과 다르다는 것은

매년 새롭게 출시되는 신상품에는 '스페셜'이나 '뉴'라는 형용사가 앞에 붙는다. 예를 들어 자동차 회사는 기본 모델을 완전히 바꾸는 풀체인지에 앞서 외관만 일부 개조해 새롭게 보이도록 만드는 페이스리프트 모델을 출시한다. 성능과 관련된 프레임, 엔진, 변속기 등의 주요 부품은 그대로 두고 겉모습과 인테리어만 일부 바꿔 전혀 다른 차 같은 느낌을 주는 것이다. 기업 입장에서는 적은 비용으로 새로운 수요를 창출하는 차이를 만들고 소비자 입장에서는 같은 비용으로 남과 다른 자동차를 소유하게 되니 모두에게 이로운 마케팅이다. 하지만 여기서 궁금증이 생긴다. 남과 다르다는 것, 새롭다는 건 기존 제품 혹은 이미 알려진 어떤 사물과 다르다는 것을 의미할까 아니면 이제까지 세상에 없었던, 지금 막 태어난 창작물을 의미하는 것일까. 새로움의 정의는 시대에 따라 세계관에 따라 계속 변화해왔다.

미국 비교문학의 선구자 레나토 포지올리Renato Poggioli는 고전주의자와 낭만적 현대인이 새로움에 대해 전혀 다른 생각을 가지고 있다고 말했다. 고전주의자는 새로움을 전적으로 상대적인 가치로 보는 반면 낭만적 현대인은 절대적 가치로 취급하기 때문이다. 고전주의의 덕목은 고대의 모범적인 황금시대와 그 지혜를 오늘날의 기술로 재생하는 것이다. 이들에게 태양 아래 새로운 것은 아무것도 없고 모든 것은 이미 언급되었으므로 새로움은 '아직 반복되지 않은 과거의 것'이었다. 반면 정신을 소비할 수 없고 고갈될 수도 없는 절대적 에너지로 보는 낭만적 현대인은 새로움을 지금 이 시대의 폐허 위에서 탄생하는 '완전히 새로운 미래'로 정의했다.

그런데 우리는 개념적으로는 고전주의자일 수 있지만 경험적으로는 현대적일 수밖에 없다. 고전주의자처럼 이미 언급된 과거를 백과사전식으로 모두 펼쳐놓고 새로움을 판별하기 위해서는 내가 살고 있는 시대와 장소를 이탈해 우주에서 지구를 내려다보듯이 중립적으로 세상을 관조해야 하는데, 현실 세계에서는 일부 종교인이나 성인이 아니라면 극히 어려운 일이기 때문이다. 고전주의자임을 자처했던 영국 시인 T.S.엘리엇이 '비평의 영역에서는 고전주의자가 되기 쉽지만 예술 실천에 있어 고전주의자가 되기는 어렵다'고 말한 것도 같은 이유였다. 그렇다면 낭만적 현대인이 생각하는 새로움, 창작물은 어떤 모습이었을까.

과거를 극복의 대상으로 인식했던 근대 아방가르드 예술가들에게 새로움은 찬란했던 역사의 반복이나 변주가 아니라 그 시대를 관통하는 창조적 에너지였다. 따라서 이들은 급변하는 기술 문명 시대에 적합한 새로운 언어, 한 번도 언급된 적 없는 미지의 연금술을 필요로 했다. 새로운 시대는 이제까지 없었던 완전히 새로운 매체에 의해 표현되어야 했던 것이다.

하지만 아방가르드의 이러한 원대한 목표는 웅변적이고 수사적인 언급에 그치고 만다. 아방가르드 예술에서 두드러진 것은 기술이 아니라 교조화된 기술주의였고 이들은 기술 자체를 소유하고 실험하기보다는 과학적 신화와 은유에 민감했다. 기술과 과학을 마술과 같은 기적과 경이로움으로 바라본 탓이다. 결국 현대성—속도감, 부유하는 이미지, 동시성, 다중심성, 즉흥성, 일시성, 허구성, 추상성 등—을 온전히 반영하는 창작물은 피카소의 〈게르니카〉, 발라의 〈추상적 속도〉 같은 예술 작품이 아니라 셀즈닉의 〈바람과 함께 사라지다〉, 디즈니의 〈미키 마우스〉였다. 아방가르드는 세상을 바꿀 혁신적 예술을 원했지만 혁신의 주체가 되지는 못했다.

20세기 예술에 일어난 진정한 혁신은 이들의 주장이나 실천이 아니라 예술의 외부에서, 기술과 미적 소비의 대중화가 결합함으로써 촉발됐다. 유명 예술인들의 작품이 수건, 가방, 휴대폰, 와인병 등의 일상 용품에 프린트되면서 진품의 '아우라Aura'는 가품의 '이미지'로 대체되었고, 미술품 경매시장의 성장은 부유층의 전

유물로 여겨졌던 예술품을 누구나 쉽게 거래하고 소유할 수 있도록 만든 것이다. 혁신이 게임의 법칙을 바꾸는 패러다임의 전환이라면, 아방가르드 예술은 혁신의 언저리를 무기력하게 서성거렸고 기술과 자본시장은 우월적 지위를 독점했다. 그렇다면 근대 아방가르드 건축의 역사는 어떠했을까.

1914년, 근대 건축의 거장 르 코르뷔지에Le Corbusier는 여섯 개의 철근콘크리트 기둥과 세 개의 바닥판으로만 구성된 '돔이노 시스템'을 창안했다. 기존 조적식 건물의 벽은 하중을 지지하기 위해 개구부의 크기와 형태가 제한적이었던 반면 돔이노 시스템은 기둥이 건물의 하중을 지지하고 기둥을 제외한 나머지 벽들은 자유롭게 조형할 수 있는 구조 시스템이었다. 돔이노Dom-Ino라는 이름은 주택을 의미하는 라틴어 도무스domus와 혁신을 의미하는 이노베이션innovation의 합성어다. 이름에서도 알 수 있듯이 모더니즘 건축의 선구자는 새로운 시대를 위한 '혁신적인 집'을 제안하고자 했다. 하지만 돔이노 시스템은 목조 건축에서 전통적으로 사용되던 기둥-보 구조를 당시 새로 개발된 철근콘크리트 기법으로 구현한 것이었으므로 혁신보다는 혁신의 수용 혹은 기술적 개선이라고 해야 온당하지 않을까.

르 코르뷔지에는 새로운 시대의 건축가는 전통적인 장인이나 예술가가 아니라 제품을 생산하는 엔지니어가 되어야 한다고 주장하고 건물을 공장 생산된 자동차나 요트에 비유했다. 하지만 실제로 그의 작품 대부분은 품이 많이 드는 수작업에 의존했고 규격화, 자동화, 대량생산 등과는 거리가 멀었다. 반면 철근콘크리트 기법은 오티스 엘리베이터의 개발과 함께 건물을 고층화하며 도시의 밀도를 극적으로 높여 대도시 스카이라인을 마천루의 숲으로 바꾸어놓았다. 현대 대도시의 구조적 변화는 창의적인 건축가의 상상력이 아니라 혁신적인 기술과 자본이 도시를 다시 정의하며 시작되었다. 고도로 밀집된 대도시가 인류의 삶에 기여했는지에 대해서는 여러 가지 이견이 있지만 근대 이후 기술과 자본이 국가와 문화를 초월한 '경계 없는 언어'로 지속적인 영향력을 행사하며 새로움과 혁신의 원천으로 기능해온 것은 사실이다.

기록적인 경기 확장을 보고했던 1960년대 전후 경제 호황기에 대중문화와 과학기술 문명을 찬양하며 등장한 영국의 전위적 건축 집단 아키그램Archigram의 작업은 이러한 경향을 잘 보여준다. 이들은 건축을 양식과 형식이 아니라 기술과 자본의 가능성으로 탐구하며 SF 같은 유토피아적 제안들을 쏟아냈다. 천공의 성 라퓨타처럼 거대한 도시 기계가 걸어서 이동하는 〈워킹 시티〉, 타워크레인으로 거대한 구조물 안에 캡슐 주택을 끼워 넣는 〈플러그 인 시티〉, 입고 있는 옷 자체가 집이 되는 가장 작은 형태의 주거 〈수탈룬〉 등은 당시의 낙관적 시대 분위기와 미래지향 세계관을 개념적으로 표현한 일종의 팝아트, 선언적 건축 실험이었다. 물론 이들의 제안은 현실에서 구현되지 못한 채 페이퍼로만 남았지만 기성 건축계와 대중문화 전반에 미친 영향은 결코 작지 않았다. 건축을 고유한 공간이나 장소가 아닌 라이프스타일, 상황과 시스템의 문제로 보았기 때문이다. 현대 건축사에서 보기 드문 성취였고 혁신적인 아이디어였다. 그렇다면 오늘날의 건축은 어떠

할까. 아키그램이 꿈꿨던 것처럼 기술과 자본이 건축에 새로움과 혁신을 불어넣고 개인을 속박으로부터 해방시키며 인류 공동체의 삶을 풍요롭게 하고 있을까.

이탈리아 건축가 만프레도 타푸리Manfredo Tafuri는 1968년 출판된 저서 『건축의 이론과 역사』에서 근대 아방가르드와 모더니즘 건축은 자본주의의 필요에 의해 탄생했으며 건축은 결국 극화하는 자본주의에 매몰되어 사망할 것이라 예견했다. 이와 비슷하게 사상가 폴 비릴리오는 '자본주의가 고도화되면 문명은 유아화幼兒化된다'고 말하기도 했다. 여기서 문명이 유아화된다는 것은 무슨 의미일까. 어린아이는 어른들이 만든 절차와 의례에 숨은 의미와 성격을 이해하지 못하지만 그래서 낯선 사람과도 쉽게 친구가 될 수 있다. 즉, 문명이 유아화되면 모든 것이 평평하고 매끄럽고 단순해진다. SNS에서 사람들을 연결하는 '좋아요' 버튼이 가벼운 흥미와 자본의 흐름을 막힘없이 가속하는 것처럼 말이다. 그에 따르면 현대사회를 가득 채운 '가벼움', '깊이 없음'은 문명이 퇴보한 결과다. 안타까운 일이지만 이들의 디스토피아적 예견은 오늘날 거의 실현되어 미래를 내다본 통찰이 되어가고 있다. 우리는 황금시대의 도덕적 영광과 지혜로부터 멀리 떨어져 나와 경제성과 효율성만 따지는 '도구적 합리성'에 익숙한 삶을 살아가고 있지 않은가.

한 시대의 문명을 물리적 실체로 투영하는 건축 공간이 이런 흐름을 반영하는 것은 어쩌면 당연한 일이다. 현대 대도시를 '밀집과 혼돈'의 문명으로 설명하는 세속적 건축가 렘 콜하스Rem

Koolhaas는 '이 시대 모든 건축은 쇼핑센터가 되었다'고 말했다. 과거에는 용도에 따라 유형화된 공간 양식이 존재했지만 오늘날에는 공론장 역할을 했던 공공시설(관공서, 교회, 광장 등)조차 '쇼핑'이라는 현대의 유일한 행동 양식을 따르고 있다는 것이다. 최근에 개발되고 있는 대형 교회의 외관이 상업시설을 닮아가는 것은 우연이 아니다. 대형 디스플레이와 음향 설비를 갖춘 교회 예배당은 콘서트홀과 유사하고 교인 간의 친교가 이뤄지는 카페와 식당은 여느 쇼핑몰과 크게 다르지 않다. 문명이 평평해진 만큼 공간의 성격 역시 극도로 평평해지고 있고 우리는 평평한 공간에서 사람과 사물의 본질이 상품처럼 교환되는 경험을 하고 있다. 왜 이런 일이 일어나고 있을까. 기술과 자본이 인류를 구원하리라는 낙관은 왜 빗나갔을까.

우리 시대를 관통하는 주제어로 많은 사람들이 소통과 공감을 꼽는다. 하지만 여기에는 전제 조건이 있다. 자아가 타인에게 수동적으로 녹아들지도, 타인을 어떤 목적을 위한 수단으로 삼지도 않고 자발성을 온전히 보존하고 있어야 한다. 자발성은 나를 움직이는 주체의 의지이자 나를 향한 대가 없는 애착이다. 따라서 자발성이 결여된 개인은 우리가 진부하다고 말하는 지나친 반복, 익숙함을 비판 없이 받아들이고 타인과의 조화보다는 '오늘도 문제없음'에 안도한다. 소통과 공감으로 보이지만 사실은 평평함이 주는 심리적 안정과 '여론'이라는 대중 사회의 권위가 '모난 돌이 되지 말라'고 말하고 있는 것이다.

반면 세계 안에서 나만의 독립된 영역을 확보하고자 하는 의지는 최신 유행 상품으로 부족한 자아를 둘러싸거나, 창문 없는 방의 문을 걸어 잠궈 사르트르가 말한 '지옥 같은 타인'으로부터 나를 구원하려는 욕구와 다르다. 타인이 내게 기대하는 모습이 아닌 진정한 나의 모습, 생각, 감정, 희망을 두려움 없이 표현하고 삶의 방향을 스스로 찾아갈 때 우리는 그만큼 자유로워진다. 하지만 잠시 우리가 생활하고 있는 주변을 돌아보자. 시장이 공급하는 획일적인 분양 아파트와 평면 유닛, 아파트를 흉내 낸 유사 주거 시설, 대형 쇼핑몰과 프랜차이즈, 부동산 개발 사업으로 기획된 핫플레이스는 과연 누가 주문한 공간일까. 우리는 고립과 실패에 대한 두려움과 불안 때문에 누군가에 의해 주어진 공간, 별문제는 없지만 별 볼일도 없는 완제품을 그대로 수용하고 적응하며 살아가고 있지는 않은가.

나는 모든 사람이 남과 구분되는 나만의 자아, 개성을 추구한다고 믿는다. 하지만 새로움을 내가 소유하거나 경험한 어떤 결과물의 질적 차이—고전주의자의 상대적 심미안 또는 낭만적 현대인의 절대적 심미안—에서 찾는다면 우리는 끝까지 만족스러운 답을 얻지 못할 수도 있다. 구태의연한 과거와 어느 날 갑자기 결별하는 것, 타인의 시선에 길들여진 타성과 게으름을 자각하는 것, 성찰을 통해 자신만의 고유한 시간을 회복하는 것. 우리는 스스로 세운 삶의 기준을 내면화하고 거스르지 않을 때 세상에서 홀로 바로 설 수 있다.

1 추상적 속도,
자코모 발라, 1913

2 돔이노 시스템,
르 코르뷔지에, 1914

3 워킹 시티,
아키그램, 1966

8

숭고와 두려움

크고 높고 무거운 사물

우리는 끝없이 펼쳐진 대자연이나 오벨리스크, 피라미드, 만리장성 같은 거대한 인공 구조물 앞에 섰을 때 우주 속 티끌과도 같은 나의 존재를 자각하고 절대자의 권위와 신성을 믿게 된다. 거대한 사물이나 공간이 '유한한 존재'인 인간에게 '숭고'라는 감정을 불러일으키기 때문이다. 인간은 태어날 때부터 이해할 수도 예측할 수도 없는 세계에 홀로 내던져진 외로운 존재이다. 미지의 바다에 섬처럼 떠 있는 무력한 인간이 가늠할 수 없는 거대한 힘 앞에서 두려움과 공포를 느끼는 것은 당연한 일이다. 하지만 동시에 인간은 자신의 제한된 상황을 초월하고 한계를 시험하며 무한을 갈구하는 본능도 가지고 있다. 인류 역사에서 권력자들이 자신의 정통성을 증명하거나 업적을 널리 알리기 위해 지은 거대한 기념비도 그 크기가 주는 두려움과 경외라는 양면적 감정을 이용한 것이었다.

인간이 가지고 있는 '숭고'라는 감정이 철학사에 본격적으로 등장한 건 18세기 낭만주의 시절의 일로, 미학의 역사가 인류 역사만큼이나 오래된 것에 비하면 그 역사가 길다고 할 수 없다. 낭만주의 사상가들은 '숭고'를 '아름다움'과 체계적으로 구분하고 그 대상을 정의하며 독립된 미적 범주의 하나로 승격시켰다.

영국의 정치철학자 에드먼드 버크Edmund Burke는 아름다움과 숭고를 구분하면서 아름다움은 미적 대상과 나 사이의 조화된 상태를 말하고 숭고는 조화를 결여한 상태라고 설명했다. '광대함'은 사람의 인식능력을 초월하는 무한한 크기로 대상과의 조화를 빼앗고, 인간에게 두려움과 공포를 주는 거대한 '힘'은 안전 욕구를 자극함으로써 우리의 영혼을 뒤흔드는 것이다. 하지만 이러한 부정적 감정이 실제적인 고통과 위험으로 이어지지 않으면 두려움은 고양된 생명감, 기쁨으로 승화되고 아름다움이 주는 쾌pleasure와는 다른 종류의 희열을 선사한다. 아름다움이 조화라는 하나의 감정, '만족'의 상태라면 숭고는 쾌와 불쾌가 혼재하는 이중적인 상태에서 경험하는 긴장과 이완의 역동적인 과정인 것이다. 이러한 숭고의 미학은 낭만주의와 아방가르드를 거쳐 현대미술까지 중요한 미적 개념으로 자리 잡았다.

19세기 초 영국의 낭만주의 화가 윌리엄 터너가 그린 〈불타는 의사당〉, 〈눈보라 속의 기선〉 같은 작품은 대기와 대상이 형태를 알아볼 수 없을 정도로 뒤섞여 거의 추상과 같은 구성을 하고 있는데 이러한 역동성은 유한함과 무한함 사이의 긴장을 통해 초월과 숭고를 표현한 것이었다. 지금도 많은 사람들이 그를 위대한 예술가로 꼽는 이유는 대기 중으로 형체 없이 소멸하는 유한한 존재들의 숙명에서 시대와 역사를 초월하는 무한을 보았기 때문 아닐까.

1960년대 이후 바넷 뉴먼, 마크 로스코, 제임스 터렐이 보여준 현대미술의 숭고미는 모두 이 같은 이중적 감정을 표현한 것이었다. 세계에서 가장 비싼 가격에 작품이 거래되는 독일의 사진작가 안드레아스 구르스키는 5미터에 달하는 대형 인화지에 똑같은 형태가 무수히 반복된 산업 생산물이나 도시 구조, 현대인의 행위를 담아 표현한다. 사람들은 그의 작품을 처음 봤을 때 그 압도적 크기에 놀라고 다음에는 현실을 뛰어넘는 차가운 조형에 충격을 받는다. 현기증 나는 혼란과 군중 속에서 소멸하는 현대인의 스펙터클 때문이다. 여기에는 분명 우리와 조화할 수 없는 거대한 위협, 존재와 부분에 대한 좌절이 있지만 이러한 부정적 감정은 우리의 소소한 일상과 사물에 대한 잊힌 감각을 되살리는 계기가 된다.

건축에서 숭고는 어떻게 표현되어왔을까? 윌리엄 터너를 당대 최고 예술가로 만들었던 예술 비평가 존 러스킨은 건물을 숭고하게 만들기 위해서는 '아치에 아키트레이브를 장식하는 것보다 차라리 1피트 더 높게 설계하는 것이 낫고 돌을 매끄럽게 깎는 데 소모되는 노동력과 시간을 아껴 다듬지 않은 돌로 더 높은 건물을 세우는 것이 낫다'고 조언했다. 장식은 현재의 아름다움을 표현하지만 주변보다 크고 높고 무겁게 만든 건물은 장구한 세월을 묵묵히 견뎌내는 건축만의 힘을 보여주기 때문이다. 그는 건축이라는 '형식'에서 회화와는 다른 고유한 가치, 영원을 상상하게 하는 자유의 감각을 찾아냈다. 하지만 보잘것없는 건물이 크기만 크다고 모두 고귀해지는 것은 아니다. 거대한 화학 공장의 굴뚝이나 공항, 초고층 건물을 생각해보자. 규모만 큰 건물의 가식적인 웅장함은 진부하고 부족한 상상력의 결과일 뿐이다.

에드먼드 버크는 숭고의 속성을 불분명함, 힘, 결핍, 연속과 균일성, 어려움, 어둠, 음침한 색 등으로 구분했다. 이런 요소는 모두 두려움과 불쾌를 유발하는 동시에 인식의 지평을 확장하는 역할을 한다. 예를 들어 우리는 사고 현장에서 위험을 무릅쓰고 사람들을 구한 소방관이나 구조대, 오지에서 빈곤 퇴치를 위해 평생을 바친 의사, 선교사, 자원봉사자 등에게 '숭고하다'는 표현을 쓴다. 본인의 소중한 생명이나 한 번뿐인 인생을 희생해 타인을 이롭게 했기 때문이다. 부자가 기부한 일억 원의 돈은 '가치 있다'고 하지만 평생 쪽방에 살며 폐지를 주워온 할머니가 기부한 천만 원의 돈은 '숭고하다'고 하지 않던가. 전자가 선물이라면 후자는 희생이다. 인간이 만든 창작물도 마찬가지다. 신이나 인류를 위해 자신에게 가장 소중한 '노동'과 '시간'을 바친 작품에는 숭고한 오라가 있다. 미켈란젤로가 신을 찬미하기 위해 시스티나 예배당에서 4년 동안 목이 꺾이고 눈이 멀어가며 그렸던 천장화 〈천지창조〉부터 스위스 장인이 수공예로 깎아 만든 정교한 손목

시계나 일본 장인이 수십 년의 시간을 달궈 만든 일본도까지. 우리는 인간이 유한한 생명과 자원을 희생해 만들어낸 정교하고 수려한 창작물에서 말 못 할 감동을 느낀다. 이것이 버크가 말한 '어려움'이 주는 숭고이다.

독일 뮌헨에는 스위스 건축가 헤르조그 앤 드 뫼롱Herzog & de meuron이 설계한 축구 경기장 '알리안츠 아레나'가 있다. 이 건물은 납작한 도넛 모양에 풍선을 닮은 외관 때문에 고무보트라는 별칭으로도 불리는데 실제로 건물의 외부는 ETFE라는 풍선과 유사한 공기막 패널로 감싸져 있다. 각각의 패널은 여러 가지 색의 인공조명으로 빛이 나, 해가 지면 건물 전체가 하나의 거대한 미디어월로 변신하기도 한다. 이러한 기하학적 단순성, 이음매 없는 단일 형태의 덩어리는 버크가 말한 숭고의 속성 중 '연속과 균일성'에 해당한다. 버크는 교회 건축을 예로 들면서 꺾인 점, 각이 많은 십자형 평면 구성보다 기다란 장방형의 건물이 빛의 효과를 극적으로 드러내 장엄한 분위기를 연출한다고 보았다. 르네상스 시대의 건물 파사드처럼 여러 가지 건축 요소가 결합하며 요철과 변화를 만들어내는 구성은 아름다움에 해당하지만 숭고의 대상이 되는 사물은 각이 없이 연속된 형태를 하고 있는 것이다. 헤르조그 앤 드 뫼롱은 알리안츠 아레나 외에도 일반에게 잘 알려진 '함부르크 엘프 필하모니 콘서트홀', '보르도 축구 경기장', '도쿄 아오야마 프라다' 등의 프로젝트에서 작은 개체들이 모여 거대한 하나의 형상을 만드는 조형 언어를 반복해서 사용하고 있다. 이것은 앞서 언급한 안드레아스 구르스키의 사진 작품이 보여주는 부분과 전체 사이의 긴장과 유사한 감성이다. 이들은 요셉 보이스, 도널드 저드 같은 미니멀리즘 작가들에게 큰 영향을 받아 어떤 대상을 재현하거나 상징하는 것이 아니라 사물이 가진 물성을 있는 그대로 보여줌으로써 존재의 본질에 다가가려는 시도를 계속하고 있다.

어둠과 음침한 색이 주는 불확실함, 애매함도 우리에게 두려움을 주는 숭고의 요소다. 균일한 빛으로 밝게 비춘 공간에서는 나와 대상 간의 거리, 각자의 위치가 명확히 드러나지만 어수룩한 빛 한줄기에 의지해 길을 찾아야 하는 공간은 벽이 없는 미로와 같다. 우리가 살고 있는 이 세계에서 내 위치를 특정할 수 없다는 것은 그 자체로 존재를 위협하는 공포 아닐까. 하지만 우리는 그 어둠 속에서 평소에는 의식하지 못했던 내면을 깊이 들여다보고 사색하게 된다.

미국 예일대학교에는 구텐베르크 성서 초판본, 코페르니쿠스 초판본 등의 희귀본을 보관하고 있어 세계에서 가장 중요한 도서관 중에 하나로 꼽히는 '바이네케 고문서 도서관'이 있다. 이 건물은 창문이 없어 외부에서 보면 불투명한 회색 돌덩어리에 불과하다. 하지만 건물 아래 그늘진 로비를 통과해 2층으로 올라가면 건물을 감싸고 있는 하얀색 대리석의 불규칙한 결을 비집고 들어온 가느다란 자연광이 5층 높이의 거대한 공간을 가득 채우고 있음을 알게 된다. 이 건물을 설계한 건축가 고든 번샤프트Gordon Bunshaft(SOM)는 격자 모양의 버몬트 화강석 프레임 안에 빛을 투과하는 3센티미터 두께의 대리석을 끼워 넣어 자연광이 실내로 은은하게 퍼지도록 계획했던 것이다. 이 대공간의 중심에는 층층이 쌓아올린 지식의 고고학, 아카이브를 보호하기 위한 투명한 유리 입방체가 자리하여 시간의 흐름에 따라 빛깔을 달리하는 건물의 외피와 대조를 이루고 있다. 이러한 공간의 극적 긴장감은 돌이라는 재료가 가지고 있는 유구한 세월의 흔적, 기록되지 않은 자연계의 역사와 세대를 거쳐 전승되고 축적되어온 인류의 위대한 지혜를 아우르는 장엄함을 선사한다.

객관적으로 검증 가능한 것만이 진리라는 현대의 경험주의와 실용주의는 '숭고'를 낭만주의 시대의 지나간 유행이나 고고한 인문주의자들의 형이상학 정도로 의미를 축소하는 경우가 있다. 하지만 숭고가 규정되지 않은 것, 재현할 수 없는 것, 모호한 것, 다듬어지지 않은 것으로부터 오는 불쾌를 극복할 때 얻어지는 인식의 확장, 상상력의 발현이라고 할 때 숭고의 속성은 현대사회를 정의하는 다양한 양태와 직접 맞닿아 있다고 할 수 있다.

변동성volatile, 불확실성uncertainty, 복잡성complexity, 모호성ambiguity을 뜻하는 뷰카VUCA란 신조어가 있다. 1990년대 미국 육군대학원에서 냉전 이후 피아 식별이 모호해진 세계정세와 불확실한 미래를 표현하기 위해 사용했던 용어다. 나는 '위험'과 '기회'가 아슬아슬하게 공존하는 이러한 시대의 키워드가 숭고의 개념을 부활시킬 뿐만 아니라 점점 강화해나간다고 생각한다. 아름다움이 문제를 부정하고 조화를 추구하는 정형화된 해법이라면 숭고는 불편함을 있는 그대로 수용하고 한결같은 인내로 끊임없이 대안을 찾아나가는 열린 구조를 갖고 있기 때문이다. 복잡하게 얽힌 실타래를 풀 수 없다면 실타래로 무얼 할 수 있을지 고민하고 상상하는 편이 낫지 않을까.

삶에는 분명 아름다움이 필요한 순간이 있다. 하지만 숭고를 잊고 아름다움만 쫓는 사람은 만족을 모르는 허기진 욕심에 중독된다. 아름다움은 불완전한 나를 철저하게 버려야 도달할 수 있는 허구의 세계이기 때문이다. 인간의 위대함은 스스로 선택하지 않은 태생적 조건, 불가항력 속에서 나만의 고유한 가치를 발견하고 결정적인 한 걸음을 내디딜 때 비로소 드러난다.

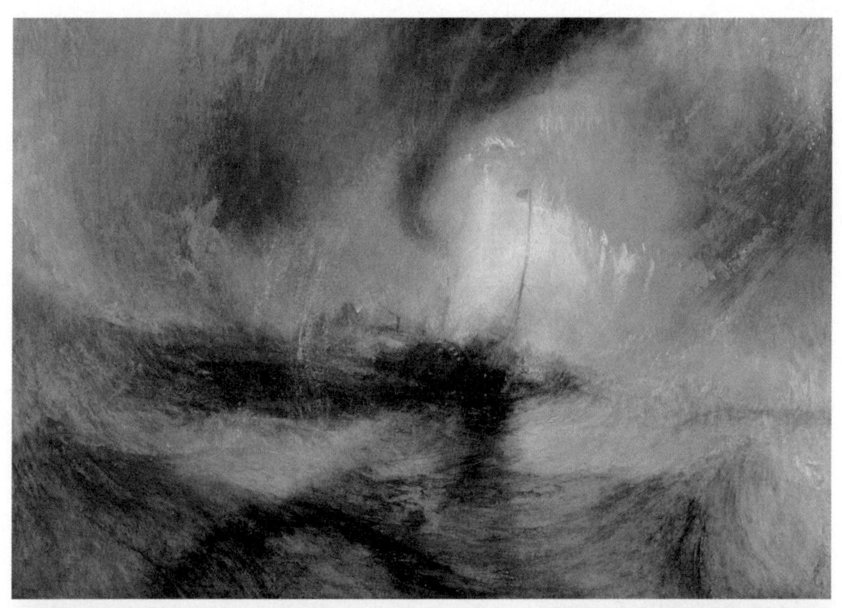

1 눈보라 속의 기선,
월리엄 터너, 1842

2 알리안츠 아레나,
헤르조그 앤 드 뫼롱,
뮌헨, 2005

3 예일대학교 바이네케
고문서 도서관, 고든 번샤프트,
뉴헤이븐, 1963

9 의미와 흥미

인간의 본질은 대답이 아니라 질문

68혁명과 포스트모더니즘의 정의에는 여러 가지 시각이 존재하지만 이 운동의 일관된 특징은 기존 권위주의 사회 체계에 대한 전복이었다. 1960년대를 전후해 반전, 평등, 인권, 다원주의, 탈형식 등으로 대표되는 해방운동이 전 세계에 유행처럼 퍼져나가면서 권위가 승인한 하나의 정답이 아니라 비공식적인 다수의 대안을 찾고자 하는 요구가 생긴 것이다.

미국의 예술비평가 아서 단토는 앤디 워홀의 〈브릴로 박스〉를 기점으로 예술의 종말을 선언했고 데이브 히키, 수전 손택과 같은 전위적 이론가들은 어떤 사물이나 현상을 예술로 만드는 본질적이고 자율적인 형식이란 존재하지 않는다고 주장했다. 과거의 예술이 형식과 내용의 질quality, 의미meaning를 판단 기준으로 삼았다면 새 시대의 예술은 작품을 둘러싼 담론, 흥미interest가 주요한 문제가 된다는 것이다. 이제 예술은 논쟁거리를 만드는 생각이나 행위에 가까워졌다. 사람들은 재미와 흥미에 열광했고 예술 작품은 그에 호응했다.

1980년대 후반 영국에서 등장한 yBa(young British artists)를 대표하는 문제적 예술가 데미안 허스트가 1991년 발표한 〈살아 있는 자의 마음속에 있는 죽음의 육체적 불가능성〉은 죽은 상어를 통째로 포름알데히드 유리 진열장 속에 집어넣고 모터를 연결해 움직이게 한 충격적인 작품이었다. 이 작품은 이미 죽은 동물을 사용했다고는 하지만 미술계에 생명 윤리와 관련한 뜨거운 논쟁을 불러일으켰다. 하지만 그는 여기서 멈추지 않는다. 소를 반으로 갈라 그 절단면을 포름알데히드에 담아 전시하고, 잘린 소머리에서 구더기가 생겨나 파리로 변하면 그 파리를 전기충격기에 감전사시켰다. 그는 이 동물 사체 연작으로 1995년 영국 최고 예술상인 터너상을 수상하고 미술품 경매시장에서 세계 최고가를 자랑하는 스타 작가로 발돋움했다. 불쾌하고 난해한 논쟁거리가 투기적 예술 시장에서 상품성을 인정받은 것이다. 하지만 이런 흐름은 90년대 말까지 이어져 '모두가 예술가, 뭐든 다 된다'는 식의 극단적 상대주의, 과거와 현재를 단절하는 탈역사주의로 왜곡되기도 했다. 그런데 정말 예술의 가치는 '흥미를 유발하는 독특한 아이디어'로 귀결할 수 있을까. 이런 문제의식은 비단 예술 분야에만 한정되지 않는다.

우리는 모든 사물과 인물이 상품화되어 유통 가능한 쿨한 시대를 살고 있다. 쿨하지 않더라도 적어도 쿨한 척은 해야 할 것 같은, 뭔가에 매이지 않은 가벼움이 대접받는 세상이다. 쿨하지 못해 미안한 존재들에게 자기 검열과 고립을 강요하는 이 무거운 가벼움은 어디서 시작된 걸까.

후기 자본주의 시대에 문학에서 '저자'가 죽고 예술에서 '원본'이 죽고 시장에서 '장인'이 죽고 정치에서 '명분'이 죽자 등장한 건 사람들의 눈길을 끄는 집단적 '흥미'였다. '의미'가 한정된 범위의 깊이, 정체성을 추구한다면 '흥미'는 제한 없는 표면의 거대함을 추구한다. 어렴풋한 빛줄기에 의지해 심해(의미)를 탐험하는 독학자가 아니라 바람을 타고 수면(흥미) 위를 항해하는 유목민이 영토를 넓혀나가는 것이다. 기원이 사라진 상호 모방의 세계에서는 광범위한 주제에 대해 채집하고 편집하고 공유하는 기술이 개인의 고유한 정체성을 대신한 것처럼 보인다. 하지만 흥미는 왜 우리 손에 잡히기도 전에 휘발하는가. 나란 존재를 의심하게 하는가. 정착은 척박한 땅을 기름진 대지로 바꾸고 씨앗이 가진 잠재성을 자연이 선사하는 은혜로운 열매로 꽃피우는 반면 유목은 자리를 옮겨 다니며 자원을 끝없이 소모하기 때문 아닐까.

인간은 호모 루덴스Homo Ludens, '유희하는 존재'라고 한다. 얼핏 들으면 재미와 흥미를 추구한다는 뜻 같지만 시장경제가 자극하는 '흥미'와 인간의 본질적 특성인 '유희'는 구분할 필요가 있다. 유희는 단순히 재밌게 논다는 뜻이 아니라 경제적 이해관계나 편익과 무관하게 창의적 활동에 참여하고자 하는 능동적 의지이기 때문이다. 그래서 유희와 창조는 바람을 타는 것이 아니라 바람을 거스르는 일에 가깝다.

하지만 흥미를 수동적으로 소비하는 가벼움은 질문하지 않고 자극에 즉각적으로 반응한다. 떼쓰는 아이에게 지쳐 아이가 열렬히 탐내던 장난감을 사 줘본 부모라면 그 관심과 흥미의 유효기간이 이삼 일에 불과하다는 사실을 알고 있을 것이다. 반면 놀이터에서 나뭇가지와 자갈로 모래 놀이를 하는 아이들은 짓고 허물기를 반복하며 놀이를 창의적으로 이어간다. 장난감을 가지고 노는 아이는 정해진 역할을 수행할 뿐이지만 모래 놀이를 하는 아이는 상황을 능동적으로 만들어나가기 때문이다. 그러므로 '인간의 본질은 대답이 아니라 질문'이라고 말한 에리히 프롬의 통찰은 옳았다. 문제를 발견하고 질문하는 것은 인간만이 할 수 있는 고유한 능력이자 '불확실하지만 의미 있는 수고'이기 때문이다. 질문하고 참여할 때만 흥미는 유희가 되고 이야기는 계속 갱신될 수 있다.

1968년, 이탈리아 건축가 카를로 스카르파Carlo Scarpa가 설계한 '브리온 가족묘지'에는 한 사람이 지나갈 수 있는 어둡고 좁은 복도가 있다. 복도의 끝에는 연못 위에 섬처럼 떠 있는 작은 정원에 빛이 쏟아지고 있어 사람들의 발길을 그쪽으로 자연스럽게 유도한다. 그런데 복도 한가운데 가슴 높이의 유리 칸막이가 길을 막고 있다. 방문객들은 이 문을 열기 위해 밀어도 보고 당겨도 보지만 움직이지 않는다. 이 문은 사람들이 쉽게 생각할 수 있는 여닫이나 미닫이가 아니라 체중을 실어 위에서 아래로 눌러야 땅속으로 사라지는 특수한 기계장치이다. 일종의 놀이와 비슷한 탐색을 통해 문제를 해결한 방문객은 문을 제자리로 돌려놓기 위해 웃으며 다시 유리 칸막이를 들어 올린다. 하지만 그때 방문객은 이전과 다른 유리 칸막이를 보게 된다. 바닥 아래 빈 공간에 매립됐다고 생각했던 유리 칸막이가 물에 젖은 채 물방울을 흘리고 있기 때문이다. —건물 아래에는 연못이 있다. —초기 기독교에는 온몸을 물에 담그는 '침례baptism'라는 입교 의식이 있었다. 침례는 원죄를 가지고 태어난 인간이 물(말씀)에 잠겨 죽고 물에서 나와 다시 태어남을 상징한다. 예수 역시 요단강에서 세례요한에게 침례를 받았다. 방문객은 이러한 일련의 과정을 거치면서 내가 걸어온 어둡고 좁은 터널(생生)과 그 끝에서 빛나고 있던 빛(구원)의 의미를 깨닫는다. 대상으로부터 한 걸음 물러나 관조하는 것이 아니라 직접 걷고 만지고 탐색하며 창의적 행위에 참여함으로써 존재를 회복하는 것이다.

일상에서는 이런 공간을 좀처럼 경험하기 힘들다. 업무 시설을 예로 들어보자. 대부분의 사무실은 투명한 유리 커튼월과 기능적인 칸막이에 둘러싸여 있어 장소에 대한 어떤 기대, 상상의 가능성을 허락하지 않는다. 평평하게 펼쳐진 공간은 모두에게 개방되어 있어 우연한 발견의 기회, 계획되지 않은 변용, 만남과 친교, 유머와 위트, 과장 없는 친밀함 등도 기대하기 힘들다. 면적 낭비 없이 효율적으로 짜인 평면에서 개인이 환경에 개입할 수 있는 영역은 한 평이 채 안 되는 '내 책상 위'로 한정된다. 게다가 최근에 늘어나고 있는 공유형 오피스는 지정 좌석과 PC를 없애는 대신 노트북을 들고 자리를 옮겨 다니게 하면서 개인이 나만의 공간을 꾸미고 환경을 개선할 여지가 거의 사라졌다. 조직원 간 수평적 의사소통과 협업을 의도한 것이지만 이러한 공간 계획은 오히려 조직을 소모시킨다. 사소해 보이지만 책상 위에 올려놓은 사랑하는 가족들의 사진, 의자에 고정해놓은 방석, 지난 여행에서 어렵게 구해 온 기념품, 모니터에 붙어 있는 쇼핑 목록, 연인에게 선물받은 머그컵, 책상 아래 종류별로 모아놓은 실내화는 모두 장소에 대한 애착을 강화하는 자율적 개입의 결과물이다. 하지만 개입의 여지가 없어지면 사람은 주변을 돌보지 않고 주어진 상황에 무임승차하게 된다. 그만큼 시설은 빨리 노후하고 업무 효율성도 떨어진다. 깨진 유리창 한 장을 방치하면 마을 전체가 황폐해진다는 '깨진 유리창의 법칙'처럼 유목이 자원을 소비하고 고갈시키는 것이다. 따라서 기능적인 업무 공간이라 하더라도 사용자는 언제든지 사물과 공간을 조작하는 데 참여함으로써 나를 둘러싼 주변 환경을 변화시키고 삶을 주체적으로 이끌 수 있다는 확신을 가질 수 있어야 한다. 사람은 자기가 머물 장소를 가꾸고 보살필 때만 자원을 창의적으로 활용하고 수고를 보람으로 수용하기 때문이다.

폴 고갱은 죽기 전 유명한 세 가지 질문을 남겼다. "우리는 어디에서 왔는가? 우리는 누구인가? 우리는 어디로 갈 것인가?" 이 질문은 죽음의 문턱에 이르러서야 겨우 마주할 수 있는 삶의 의미에 대한 번민, 세계에 내던져진 존재가 직면한 유한함이라는 숙명으로부터 비롯한 것이다.

나는 여기서 흥미의 가치와 효용을 부정하고 존재의 회복을 주장하는 것이 아니다. 다만 삶은 결과를 알 수는 없지만 '의미 있는 수고'들이 누적되며 깊이를 더해가는 하나의 과정이라는 작은 깨달음이 창작자뿐만 아니라 우리 모두를 불안과 냉소로부터 구원하고 세상의 다채로운 빛깔을 드러내는 계기가 될 것이라는 믿음을 확인하고 싶을 뿐이다. 먹감나무는 껍질에 난 상처를 통해 오랜 세월 빗물이 스며들면 심재 속에 장려한 수묵화 같은 검은색 무늬가 생겨난다. 사람이 깊이를 갖는 것도 이와 다르지 않다.

정원으로 이어진 복도와
유리 칸막이,
브리온 공동묘지,
카를로 스카르파,
이탈리아 트레비소, 1978

1 유리 칸막이를 움직이는 도르래 장치,
브리온 공동묘지, 카를로 스카르파,
이탈리아 트레비소, 1978

2 우리는 어디에서 왔는가
우리는 누구인가 우리는 어디로 갈 것인가,
폴 고갱, 1897

제2장

보이는 것

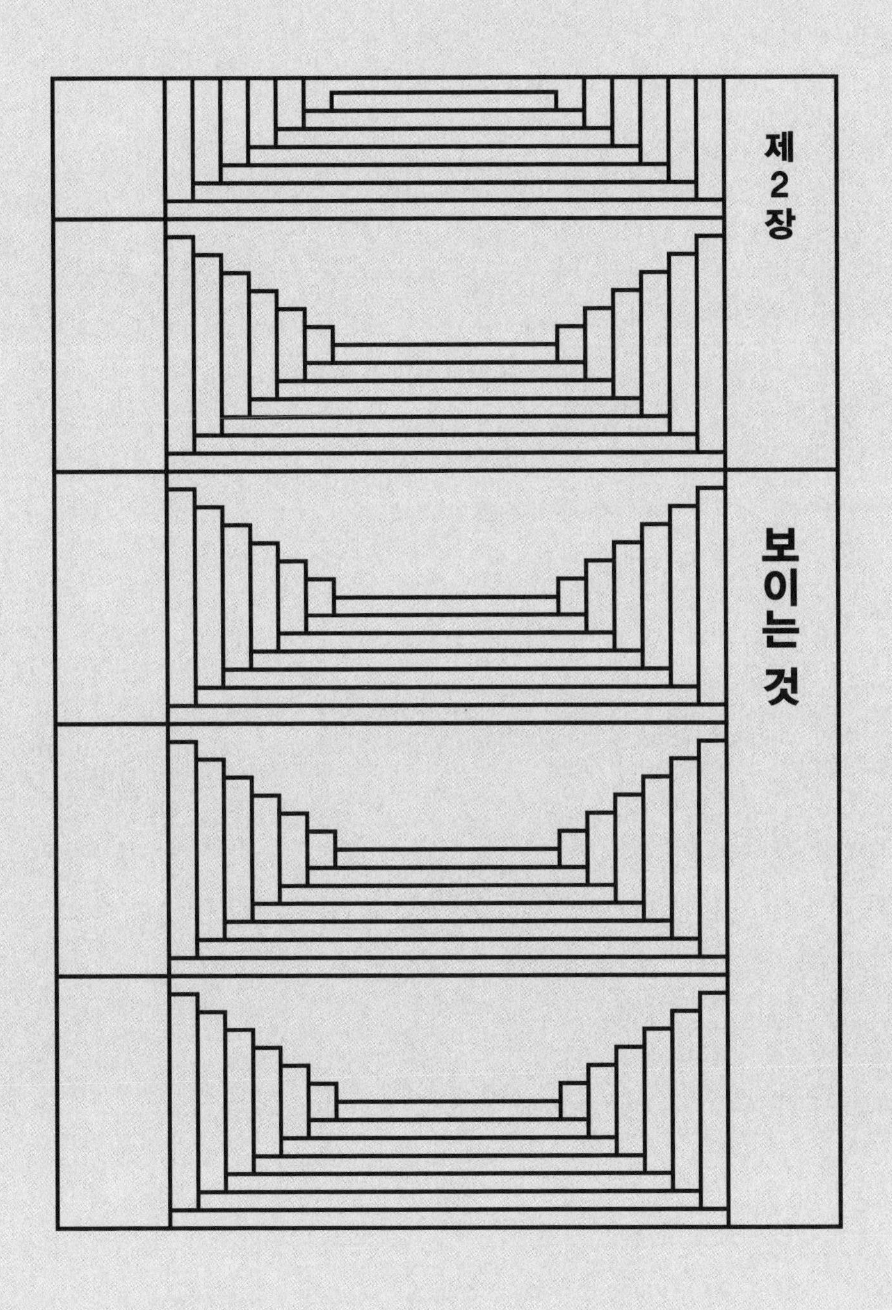

1 장인과 예술가

만드는 손과 생각하는 손

어떤 일을 훌륭하게 수행하기 위해 애쓰는 사람, 대가를 떠나 언제나 최고의 품질을 추구하는 사람을 우리는 장인이라고 부른다. 오늘날에는 장인보다 전문가라는 용어를 많이 쓰지만 장인과 전문가는 분명 다르다. 전문가는 어떤 분야의 전문 지식을 가지고 주어진 문제를 해결하거나 일련의 작업을 수행할 수 있는 능력을 가진 사람을 말하지만 장인은 고도로 숙련된 기능을 바탕으로 작업 자체에 몰입해 자신의 한계를 넘어서기 위해 일하는 사람이다. 전문가가 외부에서 주어진 문제를 해결하는 사람이라면 장인은 아무도 가보지 않은 길을 개척하기 위해 스스로 어려운 문제를 만들고 시험하며 대안을 찾아나가는 사람인 것이다. 도공이 완벽해 보이는 도자기를 수없이 깨트리고 연주자가 수만 번의 연습을 반복하고 시계공이 수백 개의 작은 부품을 일일이 깎고 조립하는 것은 모두 자기만의 기준에 도달하려는 내적 열망에서 비롯한다. 그런데 요즘은 장인이라고 부를 만한 사람을 찾기가 쉽지 않다. 스스로를 전문가 또는 예술가라고 칭하는 사람은 많지만 장인이라고 칭하는 사람은 드물지 않은가. 장인은 왜 사라졌을까?

중세 시대 장인은 길드의 보호 아래 작업장을 운영하는 가내수공업 형태였다. 장인이 되기 위해서는 작업장에 들어가 도제 7년, 저니맨journeyman 10년의 수련 기간을 거친 후 장인에게 일정 능력을 인정받아야 했다. 도제 기간 동안 어린아이를 작업장에 맡긴 부모는 장인에게 수업료를 지불하고 반대로 장인은 도제의 양아버지가 되어 아이를 보호하고 가르쳐 기능을 향상시킬 계약상의 의무가 있었다. 하지만 15세기 유럽에서 대항해 시대가 열리고 신대륙과의 국제 교역량이 늘어나자 상황이 조금씩 바뀌기 시작했다. 궁핍했던 대륙에 규모의 경제가 열리고 종교의 영향력이 감소하자 기회주의적인 장인들이 도제와의 계약을 파기하고 현대적 의미의 노동자, 대가를 받고 노동력을 제공하는 사람들을 고용하기 시작한 것이다. 이들은 오랜 기간 공동체가 공유하고 전수해온 기술, 전통이 아니라 다른 작업장과 차별화되는 새로운 물건을 생산하고자 했던 일종의 독립된 사업가, 지금 우리가 '예술가'라고 부르는 사람들이다. 중세 시대 장인은 지역 길드의 통제 아래 있어 물건을 판매하면서 제작자나 작업장의 이름을 붙이지 않았지만 새롭게 출현한 이 사업가들은 독창적인 물건에 고유 상표를 붙여 팔면서 관심을 끌기 위해 노력했고 그 인기를 이용해 개인 고객들에게 직접 물건을 팔았다. 덕분에 인류 최초의 예술가로 일컬어지는 금세공업자 벤베누토 첼리니를 시작으로 르네상스 시대 많은 예술가들은 전통적 작업 방식을 고수했던 장인들보다 많은 작품을 남길 수 있었고 경제적으로도 부유했다. 물론 장인에서 예술가로 변신한 이들이 경제적 동기에 의해서만 움직인 것은 아니다. 근대는 생산성 향상과 더불어 개인의 자의식과 주관이 크게 성장한 시기였고 폐쇄적인 봉건 조직과 집단적 관례로부터 벗어나 자기만의 고유함, 오리지널리티originality를 추구하고자 하는 창조적 요구가 자연스럽게 생겨나고 있었기 때문이다.

흔히 예술이라고 하면 인간 내면의 감정이나 의식을 독창적인 방식으로 외부에 '표현'함으로써 공감이나 감응을 이끌어내는 작업으로 생각하기 때문에 예술이 태초부터 인류 역사와 함께 해온 것으로 착각하기 쉽다. 하지만 사물의 쓸모, 효용과 무관한 순수한 아름다움을 추구하는 현대적 의미의 예술은 초월적 신의 계시보다 인간의 고유한 지적 능력을 존중했던 르네상스가 창조해낸 새로운 개념이었다. 라스코 동굴벽화처럼 역사 이전에도 인간의 내면을 표현하고자 하는 미적 행위는 존재했지만 당시에는 이러한 행위가 단순한 유희에 지나지 않거나 풍요와 번영을 기원하는 종교적 의례 또는 권력자의 치세를 알리고 후대에 전승하기 위한 정치적 도구로 사용됐다. 반면 르네상스 시대에 등장한 예술가는 고양된 자의식을 바탕으로 개인의 내면을 들여다보는 최초의 근대인이자 외로운 창조자였다. 이제 장인은 작업장에서 대대로 전수받은 기술을 이용해 사물을 '만드는 사람', 예술가는 고대 그리스 로마 고전에 정통하고 투시도법과 보편적 학예를 배운 '창조하는 사람'으로 구분된다. 그리고 이러한 예술과 공예의 분리는 건축 분야에서도 일어난다.

중세에는 건축가가 아니라 '책임 석공'이라는 경험 많은 장인이 건설 현장을 책임지는 최고 기술자였다. 하지만 르네상스 건축가이자 사상가였던 레온 바티스타 알베르티Leone Battista Alberti는 건축가를 전통적 장인과 구분하면서 '건축가는 목수나 조립공 같은 육체노동자가 아니며 명확하고 뛰어난 재능과 방법으로 작업을 완성하고, 참신하고 고귀한 학문에 대한 완전한 통찰을 지니고 있는 사람'이라고 정의했다. 현장에서 돌을 깎고 쌓는 사람이 장인이라면 아틀리에에 앉아 계획을 세우고 도안을 그리는 사람은 건축가라는 것이다. 중세 시대 노트르담 성당을 계획한 여러 명의 책임 석공 이름은 역사에 남아 있지 않지만 르네상스 산 로렌초 성당을 설계한 건축가 필리포 브루넬레스키의 이름은 남아 있는 걸 보면 당시에 건축가라는 직업이 예술가처럼 독자적인 지위를 확보했다는 것을 알 수 있다. 자의식과 경제성에 눈을 뜬 금세공 장인이 예술가로 변신했다면 석공 장인은 건축가로 변신한 것이다.

하지만 19세기에 들어서면서 르네상스가 만든 예술과 공예의 경계를 무너뜨리고 각각의 직능인들이 한자리에 모여 집단 작업을 했던 중세의 통합적 가치를 회복하고자 하는 아방가르드 예술가-건축가 집단이 등장했다. 이들은 궁정과 귀족들의 재정적 후원 아래 수 세기 동안 소수에 의해 독점되어왔던 예술의 가치를 대중에게 돌려주고자 했고 이런 '총체적 예술'의 이상은 유럽 전역으로 퍼져나가 독일 공작연맹Deutscher Werkbund, 영국 미술공예운동Arts and Crafts Movement, 오스트리아 제체시온Secession 등으로 발전한다. '총체적 예술'은 예술과 일상의 경계를 허물고 일상을 예술로 만들기 위해 각 분야의 예술가뿐만 아니라 일상 용품을 만들던 장인과도 협업하고자 했다. 하지만 장인들의 생각은 조금 달랐다. 빅토리아 시대 급속한 인구 증가와 산업화, 기계문명의 발달은 수작업에 의존하던 장인들의 설자리를 위협하고 있었고 총체적 예술은 장인들의 자율성과 업역을 침해하는 불편한 동거였기 때문이다.

그런데 총체적 예술과 장식 건축이 유행했던 세기말 오스트리아 비엔나에는 제체시온과 외로운 전쟁을 치른 모더니즘의 저항가가 있었다. 건축가 겸 저술가 아돌프 로스Adolf Loos. 그는 예술과 공예의 통합을 주장하던 제체시온을 공격하며 예술과 공예는 근본적으로 다른 것이라고 주장했다. 그에 따르면 예술 작품은 우리가 존중하는 정신적 가치와 시대를 초월한 보편성을 추구하지만 기능 용품은 생활의 유용함을 위해 만들어진 사물이기에 다양한 요구에 따라 개선되거나 변경될 수 있는 임시적인 것이었다. 따라서 건축 역시 예술이 아니라 실용적인 사물을 제작하는 일종의 기술이 되어야만 했다. 만약 건물이 작가에 의해 완성된 총체적 예술 작품이라면 그 건물에 사는 사람은 건물의 일부도 자기 뜻대로 변경할 수 없고 예술가들이 제작한 틀 안에 자신의 삶을 맞춰야 하는 비극적인 운명에 놓일 수밖에 없기 때문이다. 벽에 못 하나 마음대로 박지 못하고 사는 부자의 삶은 무덤 속 시체와 다름없지 않은가. 그에게 건축가는 장식을 독창적으로 보이기 위해 골몰하는 사람이 아니라 근대적 삶의 방식을 물리적 실체로 조형하는 기술자였다. 장식은 야만인의 문신이나 졸부의 과시적 허풍에 불과했고 노동력, 자본, 자원을 고갈시키는 일종의 '범죄'였다. 20세기 근대 건축의 이정표를 세운 아돌프 로스의 명저 『장식과 범죄』는 이렇게 탄생했다. 논쟁적인 저술가로 먼저 명성을 쌓은 로스는 이후 주목할 만한 프로젝트를 수행하게 되는데 그가 설계한 건물들은 책보다 더 큰 반향을 일으킨다.

비엔나 미하엘 광장에 위치한 그의 대표작 '로스 하우스Loos haus'는 건축 당시 민원으로 공사가 여러 번 중지될 만큼 파격적인 조형을 하고 있었다. 파사드에서 일체의 장식이 사라진 것이다. 사람들은 '장식 없는 창'을 눈썹 없는 여인에 비유하며 이 건물이 비엔나의 역사와 문화를 폄하하는 변태적 괴물이라고 조롱했다. 제국의 영광을 상징하는 화려한 바로크양식의 호프부르크 왕궁 바로 맞은편에 하얀색 가면을 쓴 이방인이 입을 다물고 침묵 시위를 하고 있었으니 비엔나 시민들이 분노한 것은 당연한 일이었다. 당시 장식은 단순히 건물의 외부를 아름답게 보이기 위해 돌을 조각한 것이 아니라 일종의 사회적 시각언어로 기능했다. 건물이 장식을 통해 무언가를 말하고 있었던 것이다. 사람들은 장식과 양식을 통해 건물 내부의 용도와 건축주의 취향을 추측했다. 하지만 무표정한 로스 하우스의 얼굴은 품 안에 미지의 세계를 은닉한 채

도시를 향해 등 돌리고 대화를 거부했던 것이다.

누구나 이유 없이 무시당하면 화가 나기 마련이다. 시의원과 미디어는 앞장서 그를 비난했고 지역 타블로이드 신문에는 로스 하우스의 파사드를 우수 맨홀 구멍에 비유한 풍자만화가 실렸다. 비엔나를 강타한 로스 하우스 스캔들은 단순 가십을 넘어 정치적 논쟁을 불러일으키기도 했다. 가톨릭계 농민과 보수 진영을 대변하는 기독사회당은 로스의 장식 없는 건축이 소규모 공방에서 일하는 장인, 조각가, 돌 세공업자의 생계를 위협하고 도시의 품격을 손상시킨다며 비난했고 진보 진영은 그의 건물을 옹호하며 보수 진영의 정치적 위선을 고발했다. 광장에 신축된 건물 하나가 온 도시를 뒤집어 놓은 것이다.

하지만 실제로 그의 건물이 무미건조하고 조형적으로 무성의했던 것은 아니다. 로스의 또 다른 대표작 '뮐러 주택Villa Müller'을 보면 그는 라움플랜Raumplan으로 불리는 입체적 공간 구성을 통해 방과 방 사이를 리듬감 있게 배치하고 방의 크기와 높이, 재료, 빛의 효과 등을 이용해 동적 긴장감과 정적 아늑함이 조화를 이루는 우아한 건물을 만들었다. 가구, 조각, 도자기, 화분, 액자, 카펫 등의 장식품도 방과 벽의 크기, 재질에 맞춰 신중하게 선택했고 마감재로 사용된 최고급 나무와 돌의 패턴도 세심하게 계획했다. 다만 차이가 있다면 로스는 장식을 건물에 부가적으로 덧붙인 치장 요소가 아니라 재료와 재료가 맞물리면서 만들어내는 자연스러운 형태의 일부로 봤다는 것이다. 벽돌이라는 '재료'가 쌓여 아치라는 '형태'가 되듯이 건물을 짓는 방식이 그대로 드러나는 정직함이다. 이러한 정서, 실무적 감각은 건축가의 작업실에서 그려진 디자인 도안으로 가능한 것이 아니었다. 석공의 아들로 태어나 미국에서 석공으로 건축 이력을 시작한 로스는 현장에서 단서를 얻고 대안을 찾아가는 장인의 업무 프로세스를 체득하고 있었고, 예술가들이 작업실에서 비례와 조화라는 하나의 완전한 형태, 이상적 아름다움을 그리고 있을 때 그의 손은 현장의 돌을 이리저리 만져가며 새로운 형태의 가능성을 탐색하고 있었던 것이다. 사회학자 리차드 세넷의 표현을 빌리면 이것은 남과 다른 기발한 물건이 아니라 조금 더 나은 무언가를 찾고 있는 장인의 '생각하는 손'이다.

우리 시대는 새로운 무언가를 만들어내는 사람을 크리에이터라고 부른다. 주로 1인 방송이나 콘텐츠를 생산하는 경우를 말하지만 넓게 보면 창작과 관련한 업무를 하는 사람은 모두 크리에이터라고 볼 수 있다. 아이들이 선망하는 장래희망 1순위가 유튜브 크리에이터인 걸 보면 우리 사회가 생산하고 소비하는 모든 재화에 있어 독창성, 창조성이 얼마나 후한 평가를 받고 있는지 쉽게 가늠해볼 수 있다. 그런데 한편으로 이런 사회 분위기는 '창조경제'라는 캐치프레이즈와 함께 어제와 다른, 남과 다른 무엇을 내놓으라고 압박하는 무언의 고통이 되기도 한다. 우리는 유명한 직능인을 스타 셰프, 스타 아키텍트, 스타 강사 등으로 부른다. 이들은 모두 익명으로 활동했던 중세 장인이 아니라 르네상스 시대에 출현한 새로운 사업가, 예술가를 모델로 하는 성공한 문화 기획자들이다. 나만의 정체성, 시그니처를 만들고 소비자에게 각인시키는 과정을 통해 이윤을 창출하기 때문이다. 하지만 우리가 돌발하는 새로움에 시선을 빼앗기고 단편적인 경험을 소비하는 사이 등 뒤에서 놓치고 있는 것은 없을까.

고대 문명의 이름 없는 일꾼들은 자기가 만든 물건에 본인의 이름이 아니라 '페키트Fecit'라는 짧은 문구만을 남겼다. '내가 만들었다'라는 뜻의 라틴어 페키트에는 이름을 통해 얻을 수 있는 돈과 명예, 정치적 의사 표현 대신 '내가 여기 있었다'는 존재의 표식만 남아 있다. 사물을 직접 만지고 깎고 다듬을 때 일어나는 의식적 사고와 무의식적 사고의 중재, 몸과 마음속에서 살아나는 실존의 감각은 가장 원시적 형태의 자아이자 세계를 탐험하고 놀이하는 아이가 처음 마주하는 의례와 같다. 반복된 일을 집중해서 훌륭하게 수행하려는 의지, 그리고 그 과정에서 얻게 되는 성취감과 자부심은 인간이 추구하는 본능의 일부다.

하지만 우리는 언제부터인지 내가 하고 있는 일 자체에 집중하기보다 그 주변에서 일어나는 이차적 효과와 상황에 더 많은 관심을 갖게 됐다. 시장의 변화 때문이다. 지난 반세기 세계를 주도한 신자유주의 경제는 평생 직업, 평생 직장이라는 전통적 산업구조를 해체하고 노동 유연성을 극대화해 전 세계에 막대한 부를 창출해냈다. 하지만 다른 한편으로는 한 분야에서 충분한 지식과 경험을 쌓은 숙련 노동자가 감소하고 비숙련 임시직이 양산되면서 일터와 삶이 분리되고 공동체가 파편화되는 부작용도 있었다. 오늘날 삶의 질은 대부분 노동시간과 강도, 그에 상응하는 경제적 보상이라는 양적 지표에 의해 측정되고 일을 통한 정서적 보상,

질적 가치는 부차적인 것으로 치부되는 경우가 많다. 우리가 장인의 가치를 다시 한번 되새겨야 할 이유가 여기에 있다. 묵묵히 자기 자리에서 맡은 일을 훌륭하게 수행하기 위해 애쓰고 선대의 기술을 후대에 전승하는 숙련노동은 노동시장에서 잊힌 나라는 존재를 일깨우는 동시에 상호 신뢰를 바탕으로 공동체를 보호하고 성장시키기 때문이다.

기발한 아이디어로 사람들을 깜짝 놀라게 하지는 못 하지만, 때로는 시대에 뒤떨어진 진부함으로 폄하되기도 하지만, 장인 노동은 세상을 견고하게 지지하는 보이지 않는 힘이다. 개척자들의 혁신적 사고와 패러다임의 전환이 세상을 바꾼다고 하지만 '어제와 완전히 다른 오늘'이 아니라 '어제보다 조금 더 나아진 오늘', '오늘보다 조금 더 나아질 내일'을 꿈꾼다면 이들에게 박수를 쳐주자. 먼 미래의 혁명도 오늘의 밥이 있어야 가능하지 않겠는가. 또 한 끼를 먹어도 밥은 맛있어야 하지 않은가.

1 총체적 예술의 대표작 스토클레 저택, 요제프 호프만, 벨기에 브뤼셀, 1911

2 로스 하우스, 아돌프 로스, 오스트리아 비엔나, 1912

3 뮐러 주택, 아돌프 로스, 체코 프라하, 1928

2 현상과 감각

빛, 소리, 냄새를 디자인하다

공원을 걷다가 어디선가 물소리가 들려 멈춰 섰다. 저 멀리 분수대가 보였지만 그곳에서 들려오는 소리가 아니라 가까운 데서 나는 소리였다. 몇 걸음 떨어진 곳에 철재 그릴이 보이기에 가까이 다가가 아래를 들여다보니 동전 두께만큼 얕게 차오른 물이 보였고, 수면이 햇빛을 반사하고 있었다. 그 물길을 따라 걷는 동안 소리는 커졌다가 작아졌다를 반복했다. 그렇게 100미터 정도를 걸어 분수대에 다다랐고 걸어온 길을 돌아보니 나지막한 경사가 보였다. 분수대에서 흘러넘친 물이 발아래 물길을 따라 낮은 곳으로 흐르고 있었던 것이다. 이 물길을 디자인한 조경가는 기울어진 땅을 일정 간격의 계단으로 나누고 그 표면에 물결 모양 홈을 파놓았다. 수로처럼 일정한 경사로 물을 흘려보내도 됐을 텐데 눈에 보이지도 않는 지하 공간에 이런 수고를 한 것은 그가 형태나 색채 같은 시각 요소가 아니라 눈에 보이지 않는 '소리'를 디자인하고자 했기 때문이다. 내가 걸으면서 들었던 잔잔한 시냇물 소리는 물이 홈 파인 표면을 스치며 만들어낸 소리였고, 시원한 폭포수 소리는 물이 계단식 단차에서 떨어지면서 나는 소리였다. 이 물길을 설계한 사람이 누구인지 모르지만 걷는 내내 그에게 고마운 마음이 들었다.

우리는 평소 소리의 중요성을 의식하지 못한 채 살지만 사실 청각에는 시각보다 더 많은 정보가 들어 있다. 시각은 우리 눈이 지향하는 방향과 시야에 따라 한정된 정보만을 수용하지만 청각은 우리를 둘러싸고 있는 모든 환경으로부터 정보를 수집하기 때문이다. 우리는 소리를 듣고 암시된 정보를 모아 상상한다. 아무리 무서운 영화라도 소리를 끄고 보면 언제 그랬냐는 듯 무덤덤해지지 않나. 연상하고 상상하는 청각의 기능을 잠시 제거했기 때문이다. 시각의 기본 기능이 '확인'이라면 청각의 기본 기능은 '눈을 감아도 보이는 것,' 즉 상상이다.

하지만 보이지 않는 것을 디자인한다는 것은 매력적이면서도 참 어려운 일이다. 이러한 어려움은 근대 건축의 거장 르 코르뷔지에게도 마찬가지였다. 건축에 관심이 없는 사람도 어디선가 한 번쯤은 봤을 법한 그의 대표작 '롱샹 성당'은 20세기 건축사에서 손에 꼽히는 걸작 중에 하나로, 수많은 건축학도와 여행객이 이 건물을 순례했고 지금도 발길이 끊이지 않는다. 하지만 애초 200명을 수용하는 본당과 세 개의 작은 채플로 설계된 이 성당은 현재는 미사를 진행하지 않는다. 음향 상태가 불량해서 바로 앞에서 미사를 집전하는 신부의 목소리도 제대로 들리지 않기 때문이다. 요즘은 음향 엔지니어가 공연장이나 예배당의 용적, 형태, 구성, 마감 등을 고려해 음환경을 미리 계획하고 검증하지만 당시에는 이런 과정이 없었던 것이다. 코르뷔지에는 예상 공사비 초과, 옥상 방수 미비 등으로 건축주들에게 수많은 소송을 당했지만 다행히 롱샹 성당의 건축주였던 프랑스 가톨릭교회와 쿠튀리에 신부는 이를 문제 삼지 않았다. 음향 설계의 미숙함에도 불구하고 롱샹 성당은 성스러운 '하나님의 집'이라는 경당의 본래 목적을 아름답게 구현해냈기 때문이다. 코르뷔지에는 건축을 '빛 아래 집합된 입체의 교묘하고도 장려한 연출'이라고 말했는데 이런 생각이 가장 잘 반영된 건물이 바로 '롱샹 성당'이었다. 이 건물은 거대한 지붕 바로 아래 가로로 긴 틈새가 있어 그 사이로 새어 들어오는 가느다란 빛줄기, 즉 성령의 힘이 무거운 돌덩이를 가볍게 들어 올리는 듯한 인상을 주고 채색된 창을 통해 들어오는 진중한 빛은 동굴처럼 어두운 공간에 성스러움과 원시적 생명력을 불어넣는다. 이곳에는 '확인하는 시각'이 아니라 우리를 초월적 세계로 인도하는 어스름한 빛과 어둑한 그림자가 있다.

빛은 우리의 감각과 밀접한 관계가 있다. 적당히 밝은 빛은 시야를 멀리까지 확장시키면서 안정감을 주고, 조금 어두운 빛은 일상 공간을 명상의 공간으로 만든다. 완전히 어두워지면 우리는 손을 더듬거리며 시각 대신 청각과 촉각에 의지하게 된다. 어둠이 잠들어 있던 인류 최초의 감각을 깨우는 것이다. 이때 어둠은 불편, 위험이 아니라 접근, 접촉의 매개다.

빛의 강도뿐만 아니라 종류도 중요하다. 로마네스크와 고딕 성당을 비교해보자. 구조 기술적인 이유로 큰 창문을 낼 수 없어 실내가 어두웠던 로마네스크 성당은 두꺼운 벽에 뚫린 작은 개구부로 쏟아져 들어오는 강한 대비의 빛이 사물의 존재를 강조하며 성스럽고 경건한 분위기를 연출한다. 반면 천장이 높고 벽 전체가 스테인드글라스로 장식된 고딕 성당은 채색된 빛이 공간을 가득 채우며 마치 천상의 세계를 재현한 듯한 몽환적인 느낌을 준다. 이렇게 공간을 가득 채우는 빛은 사물의 존재를 지우고 공간을 비물질화하는 경향이 있다. 이 두 가지 빛이 조합된 경우도 있다. 숲속을 걸을 때 나무 잎사귀 사이로 쏟아져 들어오는 복잡한 패턴의 빛과 그림자는 공간을 가득 채우는 동시에 강렬한 음영 대비를 보여준다. 채움과 비움, 존재와 부재가 공존하는 이런 빛은 나와 나를 둘러싼 공간을 하나로 이어주는 듯하다. 빛에는 적정 조도라는 일차적 기능 이상의 가치가 있고 그래서 빛과 어둠을 설계하는 것은 건축에서 무엇보다 중요하다.

1964년 존과 도미니크 메닐 부부는 프리츠커상 최초 수상자였던 건축가 필립 존슨Philip Johnson에게 화가 마크 로스코를 위한 경당 설계를 의뢰한다. 건축주는 로스코의 작품이 전시된 경건한 경당을 원했고 건축가는 빛의 효과를 고려해 건물의 개구부를 세심하게 설계했다. 하지만 건축에 무지했던 로스코는 뉴욕의 화실처럼 낮고 넓은 천창을 원했고 결국 이견을 좁히지 못한 필립 존슨이 중도 사퇴하면서 건물은 로스코의 뜻대로 지어졌다. 하지만 개관 당시 경당에는 미국 남부의 밝고 강렬한 빛이 쏟아져 들어와 보수공사를 할 수밖에 없었다. 몇 번의 공사가 실패로 돌아가고 7년 후 필립 존슨은 천창에 난반사 차단막을 설치해 문제를 해결한다. 어둠이 공간의 성격을 다시 규정하고 사물을 제자리로 돌려놓은 것이다.

어둑한 그림자의 미학적 가치를 정교한 언어로 잡아낸 일본의 대문호 다니자키 준이치로는 『음예 예찬』에서 쓸데없이 밝은 서양식 행등(조명)의 보급이 장소와 기물의 고유한 빛깔을 잃게 만든다고 불평한 바 있다. 촛불의 어둑함은 가부키의 날카로운 선을 흐릿하게 흩트려 부드러움을 드러내고, 옻칠한 칠기의 깊은 광택과 표면의 장식을 살아나게 하지만 네모난 방구석에서 그림자를 모두 몰아낸 지나치게 밝은 조명은 가부키를 남성적으로 만들고 칠기를 현란한 물건으로 바꿔놓는다는 것이다. 그에게 어둠은 동양인이 간직한 그윽한 비밀, 옥처럼 탁한 사물이 빛을 빨아들일 때 생겨나는 깊고 복잡한 무언의 음악과도 같았다.

냄새가 깊은 인상을 주는 건물도 있다. 2009년 프리츠커상을 수상한 은둔의 건축가 페터 춤토르Peter Zumthor가 독일의 소도시 바렌도르프에 설계한 '클라우스 노지 경당Bruder Klaus Field Chapel'이다. 이 건물은 통나무 112개를 인디언 텐트처럼 이어 붙여 거푸집을 만들고 콘크리트를 부어 굳힌 다음 거푸집 역할을 한 내부 원목을 3주 동안 불로 태워 없앴다. 전통 가마에서 도자기를 굽듯 건물을 통째로 구운 것이다. 검게 그을린 실내에는 나무가 타면서 콘크리트에 배인 독특한 냄새가 남았다. 시골의 한 농부가 자신의 밀밭 한가운데 지은 개인 예배당이지만 이 작은 건물이 주는 특별한 경험은 대성당보다 촘촘하고 그 어떤 성상보다 직관적이다. 후각은 어떤 장소에 대한 기억과 추억을 소환하는 원초적 감각이다. 어릴 적 뛰어 놀던 할아버지 집의 창문이 어떻게 생겼는지, 몇 년 전 방문했던 여행지의 카페 인테리어가 어땠는지 기억하는 사람은 별로 없을 테지만 그 장소가 머금고 있었던 고유한 냄새는 우리 몸에 체화되어 말로는 표현할 수 없는 시적 이미지를 남긴다. 사탕 가게의 달콤한 향기, 공방에서 나는 고무 냄새, 해변의 짜고 끈적한 냄새, 요람에서 나는 시큼한 냄새.

어둠, 소리, 냄새. 보이지 않는 것을 디자인한다는 것은 시각 중심으로 발전해온 근대 서구 역사에서 큰 의미가 있다. 서양에서 시각은 지성에 가장 가까운 것, '빛'과 '투명함'은 그 자체로 진리를 의미했다. 시각은 오감을 구성하는 생리적 감각 중 하나가 아니라 관념의 세계에서 위계의 정점에 있었던 것이다. 하지만 시각 중심적 사고는 인류가 가지고 있었던 태초의 감각과 기억을 은폐하고 나와 세계의 관계를 피상적으로 만들었다. 촉각이 나와 너 사이의 거리가 삭제된 '접근'의 감각이라면 시각은 대상으로부터 멀리 떨어진 '분리'의 감각이기 때문이다. 그래서 사진으로 봤을 때 좋은 건물과 직접 찾아가서 시간을 두고 경험했을 때 좋은 건물이 다르다. 멀리서 바라보는 광학적 시각은 보는 즉시 대상이 인식되기 때문에 사진에 묘사된 장면과 실사가 크게 다르지 않다. 하지만 건물 가까이 다가가서 안과 밖을 천천히 걸으며 벽돌에 새겨진 세월의 흔적과 전통 기와를 지그시 누르고 있는 무거운 색감의 두께를 느껴보면 나를 둘러싼 공간이 어느새 내 몸 가까이 다가와 있음을 깨닫게 된다. 현상과 감각의 단면이 인간 내면의 깊이를 더해주는 것이다. 손닿을 거리에서 서로를 마주 보고 대면할 때만 우리는 온전히 그곳의 일부가 될 수 있다. 지적 이해를 넘어 직관에 다가가는 머무름이다.

클라우스 노지 경당, 페터 춤토르,
독일 바렌도르프, 2007

1 롱샹 성당, 르 코르뷔지에,
프랑스 롱샹, 1954

2 로스코 채플, 필립 존슨,
텍사스 휴스턴, 1971

3

연상과 상징

나는 당신과 다른 것을 보았다

디지털카메라로 사진을 찍다 보면 숲 속 나무 잎사귀나 복잡한 패턴의 옷을 사람 얼굴로 인식해 자동 초점을 맞추는 경우가 있다. 사람을 흉내 낸 기계가 '연상'이라는 사람의 고유한 오류도 따라 한 것이다. 어떤 사물을 보거나 들었을 때 그와 관련 있는 다른 사물이 머릿속에 떠오르는 것을 연상이라고 한다. 어린아이들은 하늘의 구름을 보며 자기가 좋아하는 동물이나 장난감의 모양을 찾아낸다. 연상은 인간이 태생적으로 가지고 있는 고유한 능력이기 때문이다. 하지만 연상은 사회 문화적 배경과 개인적 경험에 따라 내면의 무의식을 반영하기 때문에 사람마다 다르게 나타날 수 있다. 어떤 사람은 빨간색을 보고 정열과 생명을 떠올리지만 어떤 사람은 분노와 흥분을 떠올릴 수도 있는 것이다. 떠오른 이미지는 추상적인 심상이나 분위기일수도 있고 장미꽃이나 딸기처럼 구체적인 사물일수도 있다. 이러한 인간의 정신 작용, 생각하는 능력에는 중단이 없다. 생활에 지쳐 아무 생각 없이 잠시 허공을 응시하더라도 우리 뇌는 자동으로 생각을 지속한다. 문학 이론이나 심리학에서는 이러한 인간 정신의 연속성을 '의식의 흐름'이라고 말한다. 사건보다 인물의 심리 묘사에 충실한 심리주의 소설은 자유로운 연상을 통해 인간 내면의 다양한 동기를 서술하고자 한다.

문학뿐만 아니라 모든 예술은 기본적으로 인간의 중단 없는 정신 작용, 연상에 의지하고 있다. 프랑스 건축가 장 누벨Jean Nouvel이 파리에 설계한 '아랍 문화원' 건물은 건물 표면이 카메라 렌즈처럼 구동하는 금속 기계장치로 뒤덮여 있다. 소설가 움베르토 에코는 이 건물이 사람마다 다른 심상이나 대상을 연상하게 함으로써 건물에 대한 다양한 해석을 가능하게 한다고 설명했다. 누군가에게는 카메라 렌즈로 보일수도 있지만 누군가에게는 아라베스크 문양, 개화하는 꽃, 차가운 기계문명, 반짝이는 장신구 등으로 느껴질 수 있기 때문이다. 어떤 사물의 예술적 가치는 놀이와 같은 이런 해석의 다양성과 심상의 깊이로부터 나온다.

우리는 위대한 예술품 앞에서 작품과 나 사이에 일어나는 교환 작용을 경험한다. 작품이 내뿜는 아우라와 공간의 분위기가 내게 도달하면 내 안에 잠들어 있던 감각과 인상이 외부로 투사되어 나와 나를 둘러싸고 있는 모든 것들을 하나로 통합하는 실존적 경험이 그것이다. 건축은 우리가 점유하고 있는 시간과 두 발로 딛고 선 공간을 다루는 조형예술이다. 그래서 우리를 둘러싼 공간의 분위기를 환기시키는 연상이 중요하다. 다락방에서 놀던 어린 시절의 추억, 나무 난간에서 느껴지는 따뜻하고 친밀한 촉감, 이른 새벽 창문을 열었을 때 마당에서 불어오는 축축한 이슬 냄새 등은 우리의 자전적 연대기를 거슬러 올라가 지극히 개인적인 감성을 두드린다.

반면 '상징'은 직접 지각할 수 없는 무언가를 어떤 유사성을 통해 구상화한다. 비둘기가 평화의 상징이라는 식이다. 세계 3대 영화제를 예로 들어보자. 베니스 영화제에서는 최고 영예로 황금 사자상을 수여한다. 그런데 왜 사자일까. 828년 베니스 상인 두 명은 이집트 알렉산드리아에서 발견된 기독교 성인 마르코(마가)의 유골을 베니스로 운구해 와 성당 지하에 묻었다. 그곳이 지금은 관광지로 더 유명한 산마르코 대성당이다. 이때부터 마가는 베니스의 수호성인이 된다. 그런데 기독교 4대 복음서 중 마가복음을 상징하는 동물이 사자다. 그래서 산마르코 성당 지붕에도 사자상이 있고 도시 곳곳에 사자 문양이 장식되어 있다. 마가복음뿐만 아니라 4대 복음서에는 각각의 상징물이 있다. 예수의 인간적 면모를 강조한 마태복음의 상징물은 '사람', 예수의 신성을 강조한 요한복음의 상징물은 '독수리', 예수의 용맹함을 강조한 마가복음의 상징물은 '사자', 예수의 희생을 강조한 누가복음의 상징물은 '황소'다. 베니스 영화제와 마찬가지로 베를린 영화제에서는 최고 영예로 황금곰상을 수여한다. 베를린을 상징하는 동물이 곰이기 때문이다. 칸 영화제는 영화제가 시작된 1946년 당시에는 최고 영예에게 '그랑프리'를 수여했지만 베니스 영화제와 경쟁하면서 지역을 대표하는 종려나무로 상징물을 변경했다.

우리나라 궁궐이나 사찰 건축을 보면 네모난 연못 한가운데 원형의 섬이 있고 그 안에 소나무가 심어져 있는 경우가 있다. 여기서 네모난 연못은 땅을 상징하고 원형의 섬은 하늘을 상징한다. 예부터 동아시아에서는 이러한 우주론을 천원지방天圓地方이라 불렀다. 하지만 해설자의 설명이 없다면 타 문화권의 관광객들은 이러한 상징 언어를 이해하기 힘들 것이다. 마찬가지로 우리가 사전 지식 없이 교토 료안지에 있는 일본식 돌 정원의 고도로 추상적이고 상징적인 조형을 이해하기는 쉽지 않다. 상징은 같은 문화권에서만 통용되는 무언의 언어이자 효율적인 의사소통 체계이기 때문이다. 16세기 서유럽에서 글을 읽을 수 있는 문해율은 15퍼센트에 지나지 않았고 이탈리아의 경우 1900년까지도 문해율이 50퍼센트를 밑돌았던 걸 보면 당시 건축, 조각, 벽화에 새겨진 상징의 언어적 기능이 얼마나 중요했는지 추측해볼 수 있다. 하지만 상징에는 언어적 기능만 있는 것은 아니다. 도로 표지판이나 건물 안내도 같은 기호Sign가 단순히 어떤 대상이나 행위를 지시하는 것이라면 상징은 기호 뒤에 숨겨진 실재, 근원적 가치를 드러내는 표상이기 때문이다.

종교학자 엘리아데Mircea Eliade는 저서 『성과 속』에서 상징을 일종의 종교적 성스러움으로 보았고 세계는 상징을 통해 자신의 진정한 모습을 드러낸다고 말했다. 그리스도교 신학에서 표면 아래 감춰진 상징의 다층적 의미를 '해석'하는 것, 초기 경전과 교리에 나타난 종교적 상징을 해석하는 것은 신앙의 정통성과 권위를 확립하기 위한 중요한 과제였다. 하지만 과거와의 완전한 결별을 주장했던 근대 이후 상징은 빠르게 증발해버리는 자본주의적 코드, 유행, 스타일링, 일시적 유희로 탈바꿈했다. 나이키라는 브랜드가 상징하는 가치가 과연 우리에게 어떤 의미가 있을까. 과거에 사회를 지탱하는 견고한 탑과 같았던 상징이 어느새 깊이 없는 얇은 얼음 또는 텅 빈 의미의 거인이 된 것이다.

포스트모더니즘 건축의 대표적 이론가 로버트 벤투리는 저서 『라스베이거스의 교훈』에서 대형 광고판, 상업 가로, 상업적 이미지가 뿜어내는 도시의 혼란스러운 열기를 가장 미국적인 것으로 간주했다. 카지노의 빛나는 네온사인이 유럽에서 건너온 고전주의 건축보다 미국 고유의 가치를 더 잘 표현하고 있다는 것이다. 하지만 이렇게 넘쳐나는 이미지와 기호에서 우리는 얼마나 풍부한 의미를 발견할 수 있으며 그것을 수용하는 우리의 태도는 어디까지 진실한 것일까.

철학자 보드리야르Jean Baudrillard는 1970년 출판된 저작 『소비의 사회』에서 이에 대한 훌륭한 통찰을 보여준다. 그에 따르면 초과생산된 재화, 과잉 소비가 만들어낸 풍요와 안전의 신화는 전쟁, 빈곤, 질병, 부조리로 가득 찬 현실을 부정하고 내가 그곳에 없다는 안도감을 통해 우리를 위로한다. 사물의 일차적 효용, 실제 사용가치보다 풍요를 상징하는 이미지와 메시지가 중요하다는 것이다. 우리는 스타벅스에서 커피라는 재화가 아니라 프리미엄

이 가진 차별적 이미지를 소비한다. 수요와 공급이 합리적으로 작동하는 수학적 세계가 아니라 기호와 이미지가 지배하는 주술적 세계다.

소비라는 차별적이고 과잉된 기호가 점령한 현대사회에서 '상징'이라는 오래된 연장을 상실한 건축은 사회를 향해 무엇으로 말해야 할까. 과거에는 교회나 관청이라고 하면 그 사회 구성원들이 공통적으로 떠올리는 하나의 이미지象가 있었다. 하지만 오늘날에는 정답에 가까운 건축 형태를 찾기가 쉽지 않다. '아무것도 쓰여 있지 않은 석판', 타불라 라사tabula rasa 위에 새로운 시대를 건설하고자 했던 모더니즘 건축의 배타적 이데올로기는 이미 오래전 수명을 다했고, 포스트모더니즘 건축의 역사적이거나 대중적인 기호는 의사소통 기능을 상실한 채 희화화되거나 레트로 취향으로 소비되고 있다. 더 이상 참조할 전통이나 이데올로기가 사라진 '레퍼런스 없는 시대'가 온 것이다. 상징과 같은 건축 외부의 사회적 언어가 아니라 건축만이 가지고 있는 고유한 공간적 경험, 연상의 힘이 중요해진 이유다.

연상은 지극히 개인적인 정신 작용일수도 있고 오랜 세월 인류가 진화해오며 유전자 속에 새긴 공통의 기원, 원형적 이미지일수도 있다. 깊고 어두운 동굴, 포근한 어머니의 자궁, 빛으로 가득한 신전, 대자연의 숭고함, 아이들의 천진함, 화목한 가족, 지혜로운 조부모, 반항과 반역처럼 보편적이라고 여길 만큼 인류 역사를 관통해 일관되게 반복되어온 원시적 이미지 말이다.

하지만 연상이 가진 진정한 힘은 확정되지 않은 시적 언어가 세계를 개별적으로 만든다는 것이다. 스위스의 세계적인 건축가 발레리오 올지아티Valerio Olgiati는 저서 『비지시적 건축』에서 우리가 '하나의 세계'가 아니라 '각자의 세계'를 만들어야 한다고 말했다. 여기서 각자의 세계는 혼자만의 고립이 아니라 독자적 미학을 의미한다. 권위에 의해 반복되어온 양식, 역사적 아방가르드가 지도했던 이상, 소비사회의 기호적 표현에 의지하는 것이 아니라 사물 본연의 존재 가치를 회복하고 공간이 가진 잠재성을 탐구함으로써 삶의 가치를 스스로 만들어나가는 예술가적 세계를 회복하는 것이다. 그렇게 건축이 소멸한 자리에는 하나의 자서전이 남는다.

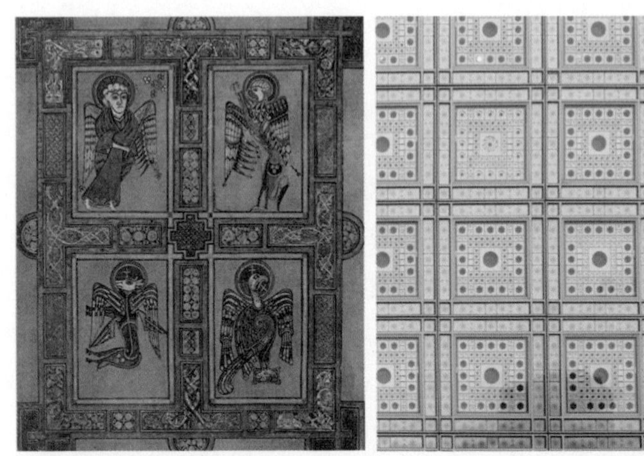

1 4대 복음서 상징 동물, 아일랜드, 800

2 아랍문화원, 장 누벨, 프랑스 파리, 1987

3 로버트 벤투리의 『라스베이거스의 교훈』 표지에 쓰인 이미지, 1972

4 부분과 전체

방이 먼저일까
건물이 먼저일까

프랑스 절대왕정 시대에는 베르사유궁전처럼 건물을 화려하게 치장하고 무한히 확장하는 공간을 추구하는 바로크양식이 유행했다. 하지만 시민혁명으로 절대왕정이 무너진 이후 등장한 제정 시대에는 새로운 시대를 대표하는 새로운 예술과 건축 이론이 필요했고 이때 등장한 양식이 신고전주의다. 바로크가 봉건적, 퇴폐적, 감성적이었다면 신고전주의는 고대 그리스 로마 제국의 조화로운 이상과 질서를 회복하고자 한 고전 부흥 운동이었다. 한때 절대왕정의 충실한 조력자였던 예술가, 장인 들은 왕정을 전복시킨 시민사회의 눈치를 보며 발 빠르게 신고전주의자로 변신했고 왕립 아카데미가 폐쇄된 후 프랑스 국립예술학교 '에콜 데 보자르Ecole des Beaux-Arts'는 신고전주의를 대표하는 교육기관이 된다. 오늘날 보자르식 교육, 보자르식 디자인으로 불리는 예술 창작 방법론은 여기에서 유래한 것으로 질서와 규칙, 문법과 형식, 부분과 전체의 구성을 강조한다는 공통점이 있다. 보자르는 예술뿐만 아니라 건축설계 방법론에도 큰 변화를 가져왔다.

18세기 프랑스 건축가이자 에콜 폴리테크닉의 교수였던 뒤랑Jean Nicolas Louis Durand은 건물을 요소élément, 부분parti, 전체ensemble로 구분하고 요소를 모아 부분으로, 부분을 모아 전체로 구성해야 한다고 가르쳤다. 보자르 이론과 교육의 토대를 만든 줄리앙 가데Julien Guadet 역시 건물을 건축 요소와 구성 요소로 구분했다. 여기서 건축 요소는 기둥, 벽, 지붕, 아치 등을 말하고 구성 요소는 건축 요소를 조합해 만들어진 최소 단위, 즉 방pièce/room을 의미한다. 르네상스, 바로크 건축이 도시적 맥락에서 건물의 얼굴 역할을 하는 파사드를 강조했던 반면 방들의 구성, 평면을 강조한 보자르 설계 방법론은 공간의 효율성과 합리성을 주장한 근대 기능주의 건축으로 이어졌고 지금도 건축가들은 실무에서 보자르 설계 방법론을 먼저 배운다. 건물에 필요한 전체 프로그램을 용도와 기능별로 묶고 대지에서 건물의 위치를 결정하고 건물의 구조축을 설정하고 면적에 맞춰 방들을 분배하고 방 안에 들어가는 세부적인 건축 요소를 계획하는 것이다.

도시계획 역시 마찬가지다. 먼저 용도에 따라 지역 지구를 설정하고 블록과 도로를 계획한 후 블록 안의 개별 필지를 나눈다. 과거보다 단계가 세분화되기는 했지만 전체에서 시작해서 부분으로, 부분에서 다시 요소로 구체화 되어가는 과정은 앞서 언급한 뒤랑의 저서 『에콜 폴리테크닉의 건축 강의 정리』에 기술된 설계 실무 절차와 유사하다. 하지만 이러한 연역적 설계 방법론은 정보와 환경이 하루가 다르게 분화되어가는 현대사회에서 그 효용을 의심받고 있다. 하나의 원리 또는 질서가 전체를 규정하기에는 각각의 부분들이 너무나 복잡한 네트워크를 형성하고 있기 때문이다.

건축 이론에는 부분과 전체를 설명하는 문학적 모티브가 있다. '사막 위 신전'과 '숲 속 오두막'이 그것이다. 사막에서 인간은 끝없이 펼쳐진 수평선을 배경으로 전체를 한눈에 조망하며 하늘을 단독으로 마주한다. 그래서 인간은 신과 대화하기 위해 사막에 홀로 외롭게 서 있는 신전을 지었다. 반면 수목이 우거진 숲에서 우리는 전체를 한눈에 조망할 수 없고 나를 둘러싼 부분들만 어렴풋이 지각할 수 있다. 나무들은 일정 거리를 유지하며 생태를 구성하므로 이곳과 저곳이 느슨하게 연결되어 있을 뿐이다. 여기서 신은 하늘에 있는 게 아니라 우리 주변 어디에나 존재하므로 인간은 숲 속 작은 오두막을 지어 숲의 일부가 되고자 했다.

'사막 위 신전'이 하나의 원리, 위계, 자율성을 상징한다면 '숲 속 오두막'은 부분들의 관계성을 강조하는 개념이다. 예를 들어 일본의 세계적인 건축가 소우 후지모토는 부분들의 느슨한 연계를 '관계성의 정원'이라 부르고 자신의 건축 철학으로 삼았다. 커다란 골격에서부터 질서를 잡아가는 근대의 방식이 아니라 부분들의 국소적인 관계성에 집중하는 것이다. 그는 '부분'을 '부품'과 구분해서 설명한다. '부품'이 전체에서 떼어낼 수 있는 개별 단위라면 '부분'은 다른 부분들과의 관계를 통해서만 성립할 수 있는 가변적이고 상대적인 것이다. 그래서 그의 작품을 자세히 들여다보면 요소와 요소 사이의 일정한 관계가 보이지만 멀리서 바라보면 전체를 아우르는 하나의 질서나 위계가 보이지 않는다. 그런데 부분과 전체는 항상 이렇게 대립하는 가치일까? 둘 사이에는 조화의 가능성이 전혀 없는 걸까? 인류 역사에서 부분과 전체는 항상 서로를 부정해왔을까? 우리는 중세의 찬란한 문화유산으로부터 몇 가지 교훈을 얻을 수 있다.

'부분과 전체'는 아리스토텔레스의 『형이상학』에서 논의된 이래 언제나 논쟁의 중심에 있었다. 실재론과 유명론이 대립했던 중세의 보편논쟁도 그중 하나다. 실재론은 김철수라는 개별자에 앞서 수많은 김철수들을 대표하는 '인간'이라는 보편개념이 먼저 존재한다고 주장하지만 반대로 유명론은 '인간'이란 추상적 개념은 편의상 부르는 이름에 불과하다는 입장이다. 따라서 중세 기독교는 실재론, 보편개념에 의지할 수밖에 없었다. 기독교에서 말하는 원죄란 에덴동산에서 선악을 구분하는 지혜의 열매를 따 먹은 아담의 자손, 즉 인간이면 누구나 태어날 때부터 가지고 있는 죄를 뜻하는데 만약 김철수라는 개별자가 인간이라는 보편개념보다 우선한다면 아담의 죄를 어떻게 그에게 물을 수 있겠는가. 하지만 실제 중세의 실재론은 개체의 고유함과 다양성을 폭넓게 인정하는 온건한 성향을 보였고 중세인은 보편적인 신의 계시와 개별적인 인간의 의지를 조화하기 위해 노력했다. 당시의 이러한 절충적 세계관은 중세 고딕 성당 건축에도 그대로 표현되어 있다.

고딕 성당을 건축했던 중세 기술자들은 하늘을 찌를 듯이 솟은 천장을 만들기 위해 지붕의 무게를 최대한 줄이고 하중을 효과적으로 배분하는 데가주망dégagement 공법을 개발했다. 이 구조 시스템은 리브 볼트rib vault로 불리는 갈비뼈 모양의 부재가 지붕을 지지하고 나뭇가지처럼 얇은 기둥들이 아래로 내려오면서 하나로 합쳐져 여러 개의 다발로 묶인 형식을 하고 있다. 거대한 기둥, 나무줄기가 작은 나뭇가지로 분화해가는 과정에서 생기는 크고 작은 뾰족 아치pointed arch들은 크기를 달리하며 유기적으로 반복되고 구조와 의장을 하나의 조형 언어로 통합한다. 건물의 가장 작은 디테일을 구성하는 논리가 성당 전체 구조에도 반영되어 있어 부분을 보아도 마치 전체의 축소판처럼 느껴지는 것이다. 프랑스 노트르담 대성당, 사르트르 대성당, 아미앵 대성당 등의 스테인드글라스 장미창rose window을 보면 이런 성격이 더욱 두드러진다. 어떤 도형의 일부를 확대했을 때 전체 모습이 똑같이 반복되는 프랙탈 구조와 유사한 이 창문은 원형 창을 격자 모양 창살로 분할한 로마네스크의 오큘리 양식과는 다르게 부분과 전체, 물질과 비물질, 인간과 신이 합일되어 이룬 궁극의 조화를 선사한다.

현대 건축물 중에도 중세의 조화로운 세계관을 독창적으로 해석한 예가 있다. 1980년 미국 건축가 페이 존스Fay Jones가 아칸소주 유레카 스프링스에 설계한 '가시면류관 교회'는 나무줄기를 추상화한 목재 트러스와 강철 부재가 반복적으로 중첩되어 정교한 새 둥지를 보는듯한 인상을 준다. 하늘 높이 솟은 박공지붕 천창으로 쏟아져 들어오는 자연광은 트러스를 타고 흘러내리면서 가늠할 수 없는 빛의 농담을 드러내고, 숲으로 둘러싸인 투명한 공간을 수도자의 명상 공간으로 만든다. 고딕 성당처럼 부분의 논리가 반복되며 변주를 만들어내기에 가능한 일이다.

여기서 부분은 전체고 전체는 부분이다. 숲은 건물의 일부가 되고 건물은 숲의 일부가 된다. 정제된 형태로 치밀하게 조율한 밀도 높은 공간이지만 그 사이사이에는 견고한 질서, 과장된 기교가 아니라 미완의 역동성, 충만한 관계의 미학이 흐르고 있기 때문이다. 부재를 짜 맞춘 다이아몬드 패턴의 가벼운 가구식 구조는 건물 전체 골격을 정의하는 동시에 건물의 가장 작은 부분, 회중석을 따라 도열한 실내등의 조형에도 영감을 주고 있다. 하늘을 향해 맹렬히 타오르는 촛불의 수직성을 상징하듯 기다란 나뭇가지 다발을 이어붙인 복재 벽등은 투시원근법이 사라진 모호한 공간에 빛의 십자가를 그리며 사람들의 시선을 계속 밀고 당긴다. 거대함 속에 존재하는 미세한 세계, 미세함 속에 존재하는 거대한 세계를 시적 언어를 통해 보여주는 것이다. 14미터 높이의 장엄한 스테인드글라스가 경탄을 불러일으키는 고딕 성당 생트 샤펠Sainte-Chapelle에서 영감을 얻은 이 교회는 다채롭고 심오한 빛의 환희, 고도로 추상화된 조형미, 부분과 전체의 절묘한 조화를 통해 신의 은총과 희생을 표현하고 소요로 가득한 삶의 모퉁이를 빠져나올 지혜, 영혼의 안식을 구하고 있다.(생트 샤펠은 예수가 십자가에 못 박힐 때 썼던 가시면류관을 보관하기 위해 지은 성당이다.)

때로는 종교의 이름으로, 때로는 국가의 이름으로, 때로는 자본의 이름으로 형태는 변화해왔지만 인류 역사는 부분과 전체가 힘을 겨루는 긴장의 연속이었다. 전체가 부분에 우선할 때는 힘에의 의지, 집단주의가 득세했고 부분이 전체에 우선할 때는 극단적 개인주의, 아나키즘이 나타나기도 했다.

우리가 살고 있는 지금 이 시대는 어디쯤 와 있는가. 인간의 존엄을 위해 봉사해야 할 문명의 균형추는 얼마나 기울어져 있는가. 중세인이 남긴 찬란한 문화유산과 현대의 통찰력 있는 창작품—극히 소수라 할지라도—은 우리에게 신의 섭리를 따르는 것과 불온한 자가 되어 나를 스스로 구원하는 것, 그 사이 어딘가에 답이 있다고 말해주고 있다. 잃어버린 균형을 회복하기 위해 운동을 멈추지 말라고 독려하고 있다. 책을 베고 누운 지성과 두꺼운 가면의 무게에 눌려 마비된 감각으로 양극단에 다다른 우리 삶에는 올바름과 당연함에 대한 자기 확신과 주장이 아니라 포용하고 중재하는 치유의 기술, 파국을 회피하고 문명을 지속시키는 생生의 철학이 필요하다. 내 안의 우상을 파괴하고 타인의 얼굴을 똑바로 마주하는 것, 위로할 수 없는 배고픔을 담담히 고백하고 서로의 상처를 나누는 것, 계산만 남은 냉정한 이문의 세계를 순수한 열정으로 전복시키는 것만이 빗나간 나와 너의 이야기를 끝낼 수 있는 유일한 해법이다.

화이트 트리, 소우 후지모토,
프랑스 몽펠리에, 2019

가시면류관 교회, 페이 존스,
미국 아칸소, 1980

반복과 변주, 아미앵 대성당,
프랑스 아미앵, 1270

5

형태와 기능

참나무와 코발트블루를 좋아하세요?

우리는 기능과 효율에 익숙한 삶을 살고 있다. 일상에서 의식하든 못 하든 우리를 둘러싼 모든 인공 환경이 시간, 노동, 자본을 효율적으로 사용하기 위해 기능적으로 구성되어 있기 때문이다.

지금은 우리가 생활하는 모든 방의 폭과 길이가 각각의 기능에 맞게 계획되지만 산업화 이전에는 조금 달랐다. 예를 들어 르네상스 시대 건축가 안드레아 팔라디오Andrea Palladio가 설계한 저택 '빌라 로톤다'는 동서남북 4면이 모두 대칭으로 구성되어 있고 방의 크기는 세 가지 타입뿐이었다. 기능과 무관하게 건물의 폭, 깊이, 높이에서 비례를 추구했기 때문이다. 팔라디오는 방의 가로 세로비를 2:3, 3:4 등으로 계획하고 높이는 폭과 깊이의 합을 반으로 나눠 결정했다. 로마 시대 상류층의 단독주택이었던 도무스domus도 마찬가지다. 두 개의 중정을 둘러싸며 ㅁ자형으로 나란히 배치된 방들은 각각의 용도는 다르지만 폭과 길이는 크게 다르지 않았다. 당시 도시민 생활의 중심은 방이 아니라 도시였기 때문에 침실과 같은 개인 공간에서 머무는 시간이 상대적으로 적었고 그만큼 사적 공간의 중요성이 공적 공간에 비해 떨어졌기 때문이다.

방의 크기가 분화되기 시작한 것은 근대에 들어서면서 개인과 사생활에 대한 인식이 생겨나고 기능과 효율에 대한 요구가 등장한 이후다. 대표적인 공간이 주방이다. 예나 지금이나 가사노동에서 가장 큰 비중을 차지하는 공간은 가족들의 식사를 준비하고 식품이나 물건을 수납하는 주방이지만 과거에 주방은 필요 이상으로 방의 크기가 크고 주방 기구들의 배치가 합리적이지 못해서 작업 효율과 편의성이 좋지 않았다. 그렇다면 우리가 생활하고 있는 현대식 주방은 언제 등장했을까.

1926년, 제1차 세계대전에서 패망한 독일은 빠른 도시 재건을 위해 정부 주도의 대규모 사회 주택 건설 사업을 시작했고 당시 기능과 효율을 중시했던 국제주의 건축 양식에 영향을 받은 많은 젊은 건축가들이 이 사업에 참여했다. 이때 독일의 건축가 마가레테 쉬테-리호츠키Margarete Schütte-Lihotzky가 '프랑크푸르트 주방 시스템'을 개발한다. 그녀는 주부가 음식을 준비하는 전 과정을 공장 생산처럼 각각의 공정으로 분류하고 표준화했다. 주방 기구와 가구의 위치는 몸동작과 동선을 최소화하기 위해 음식물 저장, 세척, 작업, 조리 등 주방에서 이루어지는 일련의 연속된 활동에 맞춰 재구성했다. 가구의 크기도 표준 신체 치수에 맞춰 규격화했다. 앉아서 하는 작업대의 높이는 바닥에서 65센티미터, 서서 하는 작업대의 높이는 85센티미터, 작업대의 깊이는 54센티미터. 가사노동의 생산성과 효율성이라는 관점에서 보면 이제 주방의 최소 크기는 1.9×3.4미터(Type1)면 충분하다. 방의 크기가 순전히 기능에 의해 결정된 것이다. 크기뿐만이 아니다. 재료와 색상도 과학적으로 결정됐다. 밀가루 보관용 서랍장은 벌레에 저항성이 있는 참나무를 사용했고 주방 가구의 색상은 박테리아의 숙주인 파리가 싫어하는 코발트블루가 선정됐다. 실제로 얼마나 효과가 있었는지는 모르지만 참나무와 코발트블루를 싫어하는 사람도 과학적 논거 앞에서는 자신의 취향을 계속 고집하기가 쉽지 않았을 것이다. '기술'이 생활을 진보시키기 위한 직접적인 효용을 넘어 일종의 교리, '기술주의'로 나아가면 개인의 자율성을 침해하고 과학을 맹신하게 되는 부작용도 뒤따른다.

근대 건축에는 '형태는 기능을 따른다Form follows function'라는 정언명령과 같은 경구가 있다. 건물은 기능과 목적에 맞게 경제적으로 지어야 한다는 말이다. 이 말을 처음 사용한 것은 19세기 말 미국 건축가이자 시카고의 스카이라인을 다시 그린 마천루의 아버지, 루이스 설리번Louis Sullivan이다. 이 경구만 들으면 그가 산업생산된 기계처럼 기능적이고 차갑고 무표정한 건축을 했을 것 같지만 실제 그가 설계한 건물은 아름답고 진실하고 고상하고 열정적이었다. 이 경구가 처음 등장한 것도 그가 1896년에 쓴 「예술적으로 고려된 고층 사무소 건물」이라는 글이었다. 그는 기능을 근대를 규정하는 유일한 진리가 아니라 그 시대가 요구하는 새로운 사회적 조건으로 보고 사회가 직면한 문제를 디자인을 통해 구체적으로 해결해가는 과정에서 더 높은 수준의 예술적 성취를 이루고자 했던 것이다.

하지만 근대의 경직된 '기능주의' 건축은 모든 형태를 일차적 기능으로 환원하여 설명했다. 기능에 최적화된 하나의 형태가 있다는 것이다. 하지만 과연 그럴까. 포크의 기능은 음식을 집는 것이지만 이 기능을 위해 선택된 단 하나의 형태는 없다. 끝이 뾰족하기만 하면 일차적 기능에는 문제가 없기 때문이다. 음식 종류에 따라 포크 날의 크기와 간격이 조금씩 다르지만 기능이 같은 샐러드 포크라고 해서 그 형태가 하나만 있는 것은 아니다. 형태는 주인의 취향과 그날의 분위기에 따라서도 결정된다.

좀 더 복잡한 기계를 보더라도 마찬가지다. 자동차의 기능은 빠르고 안전하게 사람을 이동시키는 것이지만 그 형태는 무궁무진하다. 형태가 같아도 기능이 다를 수 있고 기능이 같아도 형태는 다를 수 있는 것이다. 이스탄불 아야소피아 성당은 로마제국 시절에는 기독교 성당으로 쓰이다가 동로마제국 패망 이후에는 이슬람교 경당인 모스크로 탈바꿈했고 지금은 박물관으로 사용되고 있다. 파리 노트르담 대성당은 프랑스혁명 직후에 식량 저장 창고로 이용됐고 오르세 미술관 역시 본래는 1900년 만국박람회를 위해 건축된 철도 역사였다. 건물의 형태는 그대로지만 기능은 필요에 따라 변한 것이다. 건물이 최초의 기능과 무관하게 다른 용도로 전용되는 사례는 우리 주변에서 쉽게 찾아볼 수 있다. 여관이 미술관이 되기도 하고 목욕탕이 상점이 되기도 하고 창고가 꽃집이 되기도 한다. 이렇게 보면 형태는 기능과 어느 정도 관계가 있기는 하지만 최종적으로 기능에 의해 결정되지는 않는다.

1960년대 이후 기능주의에 대한 반성과 성찰을 통해 형태와 기능 사이의 필연적 관계가 느슨해지자 등장한 포스트모더니즘 건축은 '형태는 기능을 따른다'는 경구를 '형태는 의미를 따른다'로 바꾸어놓았다. 미국의 건축가 로버트 벤투리는 근대 건축이 내부 기능에 맞게 건물의 모양새를 조형했지만 그 형태만으로는 건물이 의미하는 바가 암시적이고 명료하지 않다고 비판했다. 건물에서 언어로 기능했던 '상징'과 '장식'이 사라졌기 때문이다. 그는 형태와 의미가 일치하는 조각 같은 건물을 '오리duck'라고 이름 붙였다. 하지만 근대 건축은 사회적으로 소통하지 못하는 죽은 오리에 지나지 않았다.

반면 기능과 무관하지만 외관이 관습적 기호로 치장된 건물은 '장식된 헛간decorated shed'이다. 뒤는 헛간처럼 네모난 공간이지만 앞은 간판이나 상징물로 독립되어 있는 것이다. 이렇게 형태와 기능이 완전히 분리되면 건물의 표면은 일종의 문학적 허구가 된다. 객실을 최대한 많이 확보하기 위해 기숙사처럼 빽빽하게 계획된 리조트가 외관은 낭만적인 지중해풍으로 장식되어 있다거나 네모난 식당 지붕에 대형 랍스터 모형이 올라가 있다거나 근린상가에 입점한 점포들이 내건 다양한 형태의 간판 같은 것들 말이다. 이런 건물들은 형태로 말하지 않고 표면으로 말하기 때문에 직설적이고 그만큼 이해가 쉽다. 재봉사의 집을 설명하는 가장 쉬운 방법은 문 앞에 '재봉사의 집'이라는 간판을 걸거나 '바늘과 실'을 조각한 장식물을 내거는 것이다. 하지만 반대로 일체의 장식 없이 재봉이라는 기능에 맞춰 건물의 형태를 조형했다면 그 형태만으로 건물이 재봉사의 집이라는 것을 단번에 알 수 있었을까? 전자는 장식된 헛간이고 후자는 죽은 오리다.

포스트모더니즘 건축은 건물을 의사소통을 위한 일종의 매체로 생각했다. 대량생산, 대량 소비로 대변되는 미국식 자본주의 문명의 언어는 대중매체를 통해 유통되는 수많은 기호, 상업적 콘텐츠였고 유럽의 양식화된 고전 건축도 키치로 소비됐다. 예식장 건물은 결혼의 신성함을 강조하기 위해 파르테논 신전의 격조 높은 우아함과 고풍스러움을 차용했지만 이러한 형태는 우리 삶을 축복하기보다 예식장을 나서는 순간 바로 마주해야 하는 현대인의 불안과 소외를 역설적으로 보여준다. 마찬가지로 대형 멀티플렉스 영화관은 할리우드가 제공하는 가상의 스펙터클을 재현하기 위해 건물을 등반하는 고릴라, 천장에 매달린 스파이더맨 모형을 설치했다. 근대 건축이 산업화와 자본주의가 요구했던 기능과 효율, 합목적성과 경제성에 대한 응답이었다면 포스트모더니즘 건축은 대중문화에 대한 즉각적이고 현실적인 응답이다.

하지만 여기에도 문제는 있다. 두 사람이 마주앉아 말을 주고받으면 대화, 여러 명이 둘러앉아 순서대로 말하면 토론이지만 수천 명의 사람이 동시에 자기주장을 하면 소음이 되어버리는 것이다. 여기서 '수천 명의 사람'은 기호의 과잉이고 '자기주장'은 맥락에서 벗어난 애매함이다. 기호와 이미지로 가득한 소음과 불협화음은 지속과 안정을 갈망하는 인간 본성을 거스르기에 우리의 마음을 소모시킨다.

근대 이전에는 도시를 정의하는 그 지역 고유의 건축 유형과 양식, 공동체가 공유하는 집단적 무의식collective unconscious이라는 것이 있었다. 역사와 문화를 통해 전승되어온 정신적 유산, 무언의 관습법 말이다. 인류학자 레비스트로스가 고대 도시를 조화로운 교향시에 비유하고, 건축가 알도 로시가 시대에 따라 개별 건물의 형태와 기능이 변하더라도 건물과 도시에는 시간을 관통해 영속하는 가치가 있다고 말한 것도 이런 맥락이었다. 피렌체 미켈란젤로 광장 언덕에 앉아 도시를 내려다보면 붉은 지붕의 물결이 잔잔한 호수처럼 펼쳐지고, 대리석과 회벽으로 빚은 집단적 조형이 수면 아래 잠든 세월의 깊이를 현시한다. 도시민의 기억과 삶의 방식이 축적되며 반복되어온 유형typology과 유추analogy의 건축이다. 이곳에서 개별 건물들은 서로 다른 목소리를 내고 있지만 전체는 하나의 언어로 풍경 아래 조화롭게 녹아든다. 하지만 포스트모더니즘의 탈역사주의는 역사적 유형과 상징을 파편화해 일종의 이미지로 소비했다. 판테온이 가진 예술적 깊이와 문화적 가치가 사라지고 판테온 '스타일'만 남은 것이다. '풍요 속의 빈곤', 한 장소에 정박하지 못한 인간이 이방인으로 살아갈 수밖에 없는 배제와 추방의 메커니즘이다.

지금도 우리 도시에는 '죽은 오리'와 '장식된 헛간'이 넘쳐난다. 건축에 지역과 장소의 역사적 맥락, 문화적 유산, 인류의 보편적 가치가 결여되었기 때문이다.

집을 지으면서 창을 고른다고 가정해보자. 기능과 기술에 의지하는 사람, '죽은 오리'의 친구는 창의 물리적 성능과 가격을 먼저 묻는다. 취향과 스타일을 중요하게 생각하는 사람, '장식된 헛간'의 친구는 모양새와 색상을 우선적으로 고려한다. 하지만 창을 통해 들어오는 빛과 그림자, 바람의 속도와 온도, 상상하게 하는 소리, 공간을 확장하는 풍경의 효과, 창가에 놓인 꽃들이 이웃에게 주는 유쾌한 기분, 도시경관에 미치는 영향 등을 생각하는 사람은 많지 않다. 순간의 '나와 너'만 있고 지속하는 '우리와 문명'에 대한 겸허한 시각이 부족하기 때문이다.

저마다 랜드마크를 세우기 위해 첨단 기술을 경쟁하고 혼돈과 추함마저 미학적으로 소비하는 도시는 어디까지 정당한 것일까. 우리는 그곳에서 진정 행복한가.

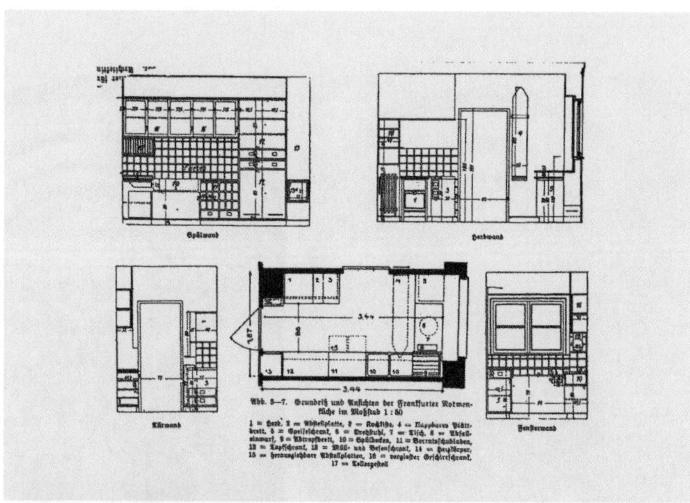

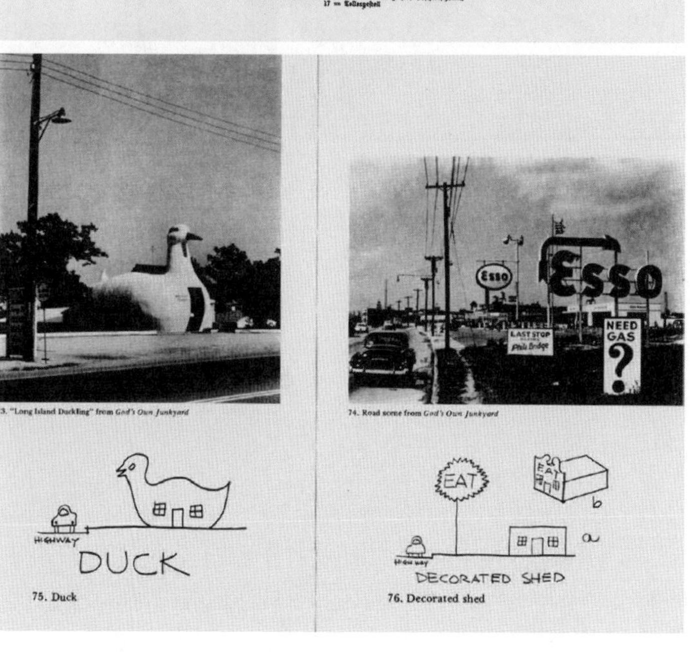

1 프랑크푸르트 주방을 위한 드로잉, 마가레테 쉬테-리호츠키, 1926

2 로버트 벤투리의 '오리와 장식된 헛간', 1972

철도역으로 사용되었던
오르세 미술관

6

취향과 스타일

올바른 취향은 무엇인가

'취향'은 참 오묘한 개념이다. 어떤 판단이나 의사 결정에 있어 다수의 의견이 일치하지 않을 때 대부분의 경우 결론은 개인 취향으로 수렴한다. 정답이나 통일된 의견 반대쪽에 취향이 있는 것이다. 취향은 모든 문제를 원점으로 돌려놓는 마법 같은 힘이 있다. 내 취향이 소중하다면 다른 사람의 취향도 존중되어야 하며 누군가의 취향을 폄하하고 비난한다면 그 사람뿐만 아니라 그 취향을 공유하는 특정 집단의 사람들을 모두 부정하는 것과 같다. 그래서 사람들은 서로의 취향에 대해 진지하게 토론하지 않고 가치판단을 유보한다. 오늘날 취향은 남에게 피해만 주지 않는다면 무한대의 자유가 허락되는 유일한 성소인 것 같다. 카페에서 메뉴를 정하는 사소한 일상부터 자동차나 집을 고르는 중요한 문제까지 취향이 개입되지 않는 일은 없다. 우리는 하루에도 수만 번의 크고 작은 선택을 하지만 마음이 한쪽으로 쏠리는 일련의 정신 작용에 대해 논리적으로 설명하기는 힘들다. 의식과 무의식이 만나는 어딘가에 취향이 있기 때문이다. 하지만 '취향'이라는 개념이 인류 역사에 등장한 것은 생각보다 그리 길지 않다. 서양 철학에서 취향이 공식적으로 언급되기 시작한 것은 18세기 낭만주의 시대로 그 역사가 삼백 년도 채 되지 않았다.

낭만주의 이전, 고전주의 시대 예술가들은 왕실이나 귀족들의 경제적 후원 아래 비교적 안정적인 생활을 영위할 수 있었다. 그들은 '나'를 표현하기 위해 작곡하거나 그림을 그리지 않고 자신들의 고객, 후원자가 원하는 '이상화된 현실'을 시대의 양식과 규범에 맞게 생산했다. 고전주의 작곡가 하이든은 평생을 궁정악사로 보냈지만 낭만주의의 문을 연 그의 제자 베토벤은 후원자들로부터 독립해 연주 여행을 하며 일반 시민 청중들을 만났다. 프랑스 시민혁명과 나폴레옹 제정을 거치면서 성숙한 유럽의 시민사회가 과거 소수에 의해 독점되어온 예술 시장을 대중에게 개방하기 시작한 것이다. 불특정 다수의 대중에게 작품을 판매할 수 있게 된 예술가들은 상류사회가 강요했던 원칙과 규범에서 벗어나 우주에 단 하나뿐인 '나'라는 존재에 몰입할 수 있었고 이것이 낭만주의 시대의 시작이었다.

낭만주의 시대에는 이성reason과 정감sentiment이라는 두 가지 인간상이 경쟁했고 정감은 행위를 지배하는 어떠한 원리도 갖지 않는 '내면의 소리에 귀 기울이는 고립된 개인'이란 새로운 인류를 창조했다. 이는 후천적으로 학습된 것이 아니라 창조적 직관을 가지고 태어난 고유한 존재였다. 이렇게 탄생한 신인류가 각자의 감성을 배려하고 존중하며 사이좋게 지냈으면 좋았겠지만 이들은 협력이 아니라 경쟁을 선택한다. 아름다움에 대한 통찰과 독창성의 깊이를 두고 논쟁이 벌어진 것이다.

17세기 영국의 사상가 샤프츠버리A.A.C. Shaftesbury는 '미美는 영감 받은 예술가만이 파악할 수 있는 우주의 신비한 질서다. 따라서 진리의 유일한 기준은 영감이다'라고 말했다. 사람들은 미에 대한 고양된 의식을 타고난 영웅을 기다렸고 그 영웅의 이름은 천재genius였다. 낭만주의 시대 천재는 신이 허락한 내적 주관성, 영감을 통해 인간과 세계를 연결하는 주술적 존재였다. 그러자 세계는 '천재'와 천재를 제외한 나머지 '범인ordinary man'으로 양분된다. 계몽주의가 강요했던 이성과 규범으로부터 이탈해 개인의 자유와 인간성의 회복을 추구했던 낭만이 아이러니하게도 다수의 개인을 범인이라는 새로운 범주로 격하한 것이다. 베토벤은 후원자의 충실한 집사에서 시민의 한 사람으로 돌아가 전 인류를 위한 음악을 만들었지만 천재의 독창적이고 변덕스러운 음악은 대중들에게 '예술은 이해하기 힘든 것'이라는 인상을 남겼다. 고전주의 시대에는 다수에 의해 합의된 전통과 상징이 예술 생산자와 소비자 사이의 소통을 원활하게 했지만 예술가가 개인의 의식과 무의식, 자기 고고학적 서사에서 나만의 정체성을 찾기 시작하자 대중과 거리가 벌어지기 시작했다.

여기서 우리가 흔히 사용하는 '예술성'과 '대중성'이라는 이항 대립이 등장한다. 천재와 범인 사이에 벽이 생긴 것이다. 찬란했던 고대 문명, 그리스의 이상화된 표본이 사라지고 중세를 수놓았던 신들의 언어도 과학과 상업이라는 거인에게 무릎을 꿇자 벌거숭이로 세계에 내던져진 대중은 어둠 속에서 길을 잃고 방황한다. 사람들은 낭만주의가 선사한 무한대의 자유와 방종을 경험하며 우울해졌고 좌절했고 시들어갔다. 환멸과 회한 속에서 생을 마감한 보들레르의 『악의 꽃』처럼 말이다. 이제 영감의 경쟁에서 패배한 범인, 근거를 상실한 대중들은 아름다움과 취향의 기준을 어디에서 찾아야 할지 고민한다.

낭만주의 이전 서구에는 시대별로 통일된 건축 양식이 있었다. 서양 건축사에서 시대를 분류하는 로마네스크, 고딕, 르네상스, 바로크, 로코코, 신고전주의 등의 양식이 그것이다. 하지만 낭만주의 시대에는 북유럽, 이슬람, 이집트, 인도, 일본의 토속 건축 양식이 철도를 타고 국경을 넘어 서구에 소개되었고 각종 스타일에 박식한 상업적인 건축가들은 고객의 다양한 취향을 반영해 여러 양식을 범주화하고 절충했다. 이들은 최신 스타일의 삽화로 가득 찬 견본 책자를 들고 다니며 고객이 원하는 것은 무엇이든 만들 수 있다고 영업했다.

1836년, 영국의 작가 존 라우던John Claudius Loudon이 정리한 『오두막, 농장, 별장 건축 백과사전』과 『정원 사전』은 예산이 빠듯한 소비자들에게 가장 인기 있는 표준 설계 도서였다. 신고전주의 시대 프로이센의 수도 베를린을 장엄하고 강직한 그리스 양식으로 재구성한 건축가 싱켈Karl Friedrich Schinkel 같은 영웅 없이도 누구나 쉽게 자기가 원하는 집을 지을 수 있게 된 것이다. 집주인의 취향에 따라 양식을 취사선택할 수 있게 되면서 영국과 프랑스의 민가에는 절충적 양식의 낯선 건물들이 등장한다. 앞면은 팔라디오식이지만 뒷면은 뾰족탑이 솟아오른 고딕 양식이라든가 몸통은 바로크지만 지붕은 이슬람 양식인 국적 불명의 혼성체였다. 르네 마그리트가 〈집단적 발명〉에서 인어의 상반신과 하반신을 역전시켜 하반신은 사람이지만 상반신은 물고기인 괴물을 창조한 것과 같다.

이러한 사정은 엘리트 귀족들도 다르지 않았다. 18세기 말부터 19세기 초는 고대 그리스 로마의 고전적 질서, 합리주의적 미학을 추구하던 신고전주의 건축이 유럽 전역을 풍미하던 시대였다. 하지만 팔라디오식 고전 건축에 실증을 느낀 귀족들은 자신의 취향대로 양식을 취사선택해 저택을 짓기 시작했다. 1749년 영국 트위크넘에 지어진 호레이스 월폴의 저택 '스트로베리 힐Strawberry Hill'은 집주인의 취향대로 건축된 최초의 귀족 저택으로 기록되어 있다. 고딕 부활 운동의 시작을 알린 이 저택은 30년에 걸쳐 증축되면서 포탑을 가진 중세의 성과 고딕 성당 등을 절충하고 국내외 수많은 사례를 즉흥적으로 모방했다. 그래서 크게 보면 고딕이지만 세부적으로는 다양한 양식이 불규칙하게 혼성된 모자이크 같은 구성이었다.

신고전주의 양식이 폼페이, 헤라클레네움 등과 같은 고대 도시들을 발굴하며 얻은 고고학적 지식과 고증을 바탕으로 엄격한 역사적 사실성을 추구했던 것과는 대조적이다. 고딕 부활 운동은 당시 쇠퇴하던 종교적 심미성과 산업화 시대가 요구하는 공학적 독창성을 겸비한 '올바른 고급 취향'으로 인정받았지만 실제 실행에 있어서는 과거를 있는 그대로 재현하는 것이 아니라 집주인의 개인적 취향을 반영해 양식을 절충적으로 사용했기 때문이다. 낭만주의 이전에 '양식'은 수 세기를 지속하는 일종의 사회적 합의였지만 이런 사회 지도층의 인식에 균열이 생기자 양식의 수명은 짧아지고 종류는 무한대로 늘어났다.

얼마 전 길을 가다가 눈에 띄는 건물 하나를 발견했다. 건물을 자세히 보니 입면의 좌우는 동네에서 흔히 볼 수 있는 적벽돌에 마름모꼴 내어쌓기 장식이 덧붙어 있지만 중앙은 노란색 페인트로 도색되어 찌그러진 T자 모양을 하고 있었다. 건물의 조형에 대해 좀 더 설명하자면, 적벽돌과 노란색 벽체 사이에는 고대 그리스 신전에서 볼 수 있는 돌출 수평띠 장식, 코니스cornice가 있어 층을 구분하고 창의 상인방은 고전 건축을 모방한 아치와 박공이 병치되어 있거나 일부는 창을 둘러싼 돌출 띠장식을 가지고 있다. 전원주택에서 주로 사용하는 완만한 박공지붕과 가파른 모임지붕이 건물을 좌우로 분할하는데, 초록색 아스팔트 슁글Shingle로 마감한 모임지붕에는 아담하고 귀여운 노란색 빼꾸기창 하나가 수줍게 고개를 내밀고 있다.

나는 이 건물에서 서민용 주거의 검소함, 자연에 대한 향수, 고전적 아름다움에 대한 동경, 잿빛 도시에서 벗어나고 싶은 일탈의 욕구, 다양성을 포용하는 아량 등을 보았다. 아마도 이 건물을 지은 집주인이 생각하는 삶의 미덕, 행복의 조건이 그대로 반영된 결과일 것이다. 모든 건물에는 집을 짓는 사람의 꿈과 희망, 기대가 투영되기 마련이다. 하지만 이 건물이 가진 미덕은 최소한의 조화를 향해 도약하지 못했고 거칠고 서툰 조형만을 남겼다. 이 건물에는 중요한 것과 중요하지 않은 것을 구분하는 '분별'의 감각이 결여되어 있기 때문이다. 분별이 사라진 자리에는 판단 근거를 상실한 현대인의 불안, 선택의 순간에 닥친 초조함, 막다른 길에 다다른 미의식 등이 자리하고 있다.

취향은 개인이나 집단을 남과 구별 짓는 정체성이지만 동시에 불완전하고 변덕스러운 인간의 태생적 기질이 만들어낸 사회적 산물이기도 하다. 한때는 '올바른 취향'이라고 생각했던 스타일도 불과 몇 년만 지나면 시대에 뒤떨어진 올드 패션이 되어버린다. 그래서 사람들은 끊임없이 호기심 어린 눈으로 주변을 살피며 전문가, 셀럽의 목소리에 귀를 기울인다. 내적으로는 '나'라는 존재를 확인하기 위해 변치 않는 본질적 가치와 이상을 갈망하지만 동시에 그 안에서 홀로 정체되고 고립되는 것은 두렵기 때문이다.

하루가 다르게 변화하는 시대에 시류에 흔들리지 않고 나만의 취향, 나만의 개성을 찾아간다는 것이 얼마나 외롭고 고단한 일인가. 하지만 우리는 우리에게 허락된 진정한 자립을 위해 때로는 조금 무모해질 필요가 있다. 분별은 내 삶에서 본질적이지 않은 것을 가려내고 절실한 무언가를 탐색하는 점진적 여정과 같다. 분별의 감각을 회복하기 위해 온전히 내 안의 목소리에만 집중할 수 있는 혼자만의 시간이 필요한 이유다. “인간의 모든 불행은 홀로 방 안에 조용히 앉아 있지 못하는 데서 비롯한다.” 17세기 철학자 파스칼이 남긴 말이다.

집단적 발명,
르네 마그리트, 1934

1 호레이스 월폴의 스트로베리 힐,
고딕 양식의 부활, 1749~76

2 혼성된 스타일,
선택의 순간에 닥친 초조함

7

직선과 곡선

곡선은 신의 것인가
당나귀의 것인가

근대 건축의 거장 르 코르뷔지에는 '구불구불한 길은 당나귀의 길, 똑바른 길은 인간의 길'이라고 말했다. 곡선이 감성, 이완, 동물성의 결과라면 직선은 이성, 긴장, 질서의 결과로 자연계에서 인간만이 구현할 수 있는 신성한 조형 요소였다. 그에 따르면 중세 유럽의 구불구불하고 복잡한 가로는 채광 및 환기에 불리하고 비위생적이며 자유로운 이동에 제약이 있으므로 기계시대에는 이동수단의 효율을 높이고 보행자의 쾌적성과 안전성을 개선하기 위해 완전히 새로운 도시를 건설해야 했다. 실제로 그가 제안했던 도시 계획 대부분은 거대하고 질서 정연한 직선의 매트릭스 형태를 하고 있었다.

반면 바르셀로나를 대표하는 건축가 안토니 가우디Antoni Gaudi는 '직선은 인간의 것이고 곡선은 신의 것'이라고 말했다. 과연 곡선은 신의 것인가 아니면 당나귀의 것인가. 이렇게 상반된 의견을 가졌던 당대 유명 건축가 두 사람이 실제로 만났다면 서로를 비난하고 공격했겠지만 다행히 그런 일은 일어나지 않았다. 코르뷔지에는 1928년, 가우디 사후 2년이 지나 바르셀로나를 처음 방문해서 그의 작품들을 답사했기 때문이다. 그런데 그는 의아하게도 가우디를 기술적 완성도와 천재적 조형미를 가진 바르셀로나의 모더니즘 건축가라고 평가한다. 그는 왜 바우하우스와 국제주의 양식으로 대표되는 주류에서 한참 벗어나 있었던 유럽의 변방 건축가에게 모더니즘 건축가라는 칭호를 내렸을까?

가우디 활동 시기는 코르뷔지에보다 30년 이상 앞서 가우디가 활동했던 19세기 말 바르셀로나에는 당시로서는 신기술이었던 철근콘크리트 기법이 보급되어 있지 않았다. 오로지 석재를 깎아서 쌓는 고전적 구축술에 의지해 건물을 지었던 것이다. 하지만 가우디는 '밀라 주택'에서 돌과 철골을 결합한 구조 방식을 고안했고 바르셀로나 최초로 지하 주차장과 엘리베이터를 도입했다. '구엘 성당' 설계를 의뢰받았을 때는 아치를 뒤집은 현수선catenary 모형을 제작해 십 년 가까운 세월 동안 건물은 짓지 않고 구조 계산에만 몰두했다. 훗날 바우하우스를 대표하는 근대 건축가 월터 그로피우스가 가우디의 대표작 '성가족 성당La Sagrada Familia'이 공학적으로 신기에 가깝다며 감탄한 것도 이 현수선 모형 덕분이었다. 집을 '살기 위한 기계'라고 묘사했을 만큼 근대의 과학기술, 엔지니어링에 경의를 품고 있었던 코르뷔지에는 그 시대의 제한된 기술로 당면한 구조적 문제를 훌륭하게 해결해낸 가우디의 비범한 엔지니어로서의 면모를 높이 평가했고 거기서 모더니즘의 정신을 발견했던 것이다. 하지만 가우디는 생전에 기괴한 형태에만 집착하는 근본 없고 천박한 이단아 취급을 받았다. 『동물 농장』의 저자 조지 오웰은 성가족 성당을 세상에서 가장 혐오스러운 건물이라고 비난하면서 이 성당이 스페인 혁명 당시 폭격을 면한 것은 건물이 너무 흉물스러워서 무정부주의자들이 자신들의 기분을 망치고 싶지 않았기 때문이라고 모욕하기도 했다. 조지 오웰에게 성가족 성당의 곡선은 신의 것이 아니라 당나귀의 것이었다. 그렇다면 직선은 어떤 의미였을까?

조형 이론에서 '점'은 좌표상의 위치, 위상만 가지고 있지만 점이 모여 선이 되면 위치, 길이, 방향이 생긴다. 직선은 방향이 일정하기 때문에 예측이 가능한 반면 곡선은 휘어진 정도에 따라 축이 연속적으로 변해 예측이 어렵다. 인류는 예측 불가능하고 거대한 자연의 힘에 경외와 숭고의 감정을 품지만 한편으로는 자연에 저항하고 자연을 지배하기 위해 오랜 세월 투쟁해왔다. 예측 불가능한 것을 예측 가능한 것으로 바꾸는 것은 곧 질서와 규칙, 위계를 세우는 것이었고 여기에서 기하학이 시작한다.

독일의 천문학자 요하네스 케플러는 '물질이 있는 곳에 기하학이 있고 기하학은 미의 원형이며 신과 함께 영원히 빛난다'고 말했다. 기하학과 신은 무슨 관계이기에 영원을 함께 하는 걸까? 먼저 기하학의 어원을 찾아보자. 기하학을 뜻하는 영단어

geometry는 땅을 의미하는 geo와 측량을 의미하는 metria의 합성어다. 고대 이집트에서 나일강이 범람할 때마다 땅의 경계가 지워져 땅 위에 '선'을 긋고 경계를 바로잡은 것이 기하학의 시작이었기 때문이다. 땅을 분할하는 선은 곡선이 아니라 직선이었고 직선은 자연의 힘에 굴복한 땅에 다시 질서를 부여하는 일이자 영원불변한 신의 섭리를 지상에서 구현하는 신성한 임무였다. 이집트문명, 메소포타미아문명뿐만 아니라 고대 그리스인들도 일찍이 직선에 기반한 격자형 가로망을 개발했다. 기원전 475년, 그리스의 철학자이자 건축가였던 히포다모스가 개발한 밀레토스 도시 계획안이 그것이다. 따라서 질서와 이성을 상징하는 고대 그리스 문화유산에서 영감을 얻은 코르뷔지에가 곡선을 당나귀의 것이라고 말한 것도 무리는 아니다.

하지만 코르뷔지에도 나이가 들면서 생각에 변화가 생긴다. 프랑스 화가 오장팡과 순수주의 운동을 함께 했던 30대의 젊은 건축가 코르뷔지에는 직선과 순수기하학을 고집했지만, 63세 되던 해에 설계한 롱샹 성당은 '형태와 기능의 정합성'이라는 모더니즘 건축 어휘에서 이탈한 자유로운 곡선의 감각적 조형이었기에 당시에는 큰 충격을 주었다. 그는 변절한 것일까 아니면 숨겨왔던 모습을 드러낸 것일까. 코르뷔지에는 모더니즘 건축의 개척자로 가장 널리 알려진 건축가지만 동시에 자유로운 영혼을 가진 화가이자 조각가였다. 기준층typical plan을 반복해서 쌓아올린 마천루, 현대 대도시의 풍경을 만든 것은 보편성과 합리성이라는 근대의 이상을 미려한 조형 언어로 구현했던 독일의 건축가 미스 반 데어 로에Mies van der Rohe 였다. 미스는 평면에서 공간을 구획하던 벽을 모두 삭제하고 절대 무無의 공간을 만들었지만 코르뷔지에는 기둥을 세워 벽을 구조에서 해방시킨 후 화가가 되어 자유로운 평면Le Plan Libre을 '그렸다.' 그는 대기에 부유하는 가벼운 공간이 아니라 인간을 에워싸는 친밀한 공간을 만들기 위해 직관적이고 감성적인 벽을 그리고 있었던 것이다. 그러고 보면 안 어울릴 것 같았던 가우디와 코르뷔지에 사이의 브로맨스가 이해되기도 한다.

자연계에는 직선이 없다. 모난 돌도 햇볕과 바람에 깎여 부드러운 곡선의 알갱이가 되고 거대한 강도 침식과 퇴적을 거쳐 굽이굽이 흐르다가 어느 순간 대기로 소멸한다. 다시 말하면 자연은 변하는 것이고, 변하는 것은 곡선이다. 그렇다면 만물을 주관하는 우주의 질서, 영구적 균형, 인간의 정신은 곡선이 아니라 직선으로 표현되어야 한다. 하지만 인간이 만든 직선도 자세히 보면 완전한 직선은 아니다. 직선처럼 보이는 자도 직선에 가까울 뿐 완전한 직선이 아니고 네모난 책도 우리가 생각하는 완전한 직각이 아니기 때문이다. 완벽한 직선은 오직 관념상에만 존재한다.

무게는 어떨까. 무게를 재는 단위인 킬로그램은 1889년 이래 파리 국제도량형국에 보관되어있는 표준 저울추 '국제 킬로그램 원기'를 1킬로그램으로 삼는다고 정의해왔다. 하지만 원기의 표면에 때가 끼면서 극히 미세한 질량 변화가 일어났고 연구자들은 이 문제를 해결하기 위해 양자역학 상수를 이용해 오차 범위를 기존 1억 분의 5에서 1억 분의 2.4 이하로 축소한 규소 구체를 만들었다. 지구상에 실존하는 1킬로그램에 가장 가까운 사물의 오차가 1억 분의 2.4라는 뜻이다. 반대로 말하면 정확한 1킬로그램이란 실존하지 않는다. 인간의 지각 범위를 벗어난 오차는 무의미하다고 할 수도 있지만 여기에는 세계를 바라보는 근본적인 시각차가 존재한다.

중국 주대의 관제를 규정한 유교 경서 『주례』 중 제6장 「고공기」에는 도성과 궁궐 건설의 원칙이 기술되어 있다. 예를 들면 도성의 앞쪽, 남쪽에는 궁궐을 배치하고 궁궐의 뒤쪽에는 시전을 두는 식이다. 성리학을 국가 통치 이념으로 받아들인 조선 역시 「주례 고공기」를 참고해 신도읍 한양을 건설했다. 하지만 조선은 이 경서를 곧이곧대로 따르지 않았다. 대체로 주요 실들의 방향이 남쪽을 향하고 있기는 하지만 지형과 주변 여건에 따라 향이 조금씩 틀어져 있거나 구성을 유연하게 변형하였다. 경복궁을 보더라도 궁이 도성의 한가운데가 아니라 북서쪽에 치우쳐 있고 북악산, 인왕산의 지세를 고려해 자리를 잡았다. 시전은 경서의 원칙과 반대로 궁궐 앞쪽에 배치했다. 건물의 배치도 임금이 주로 사용하는 근정전, 사정전 등의 주동들은 남북축을 기준으로 정형의 좌우대칭이지만 기타 부속동은 그때그때 필요에 따라 자유롭게 구성했다. 성리학이라는 이상, 추상적 관념을 고착된 규범으로 전환하지 않고 운용의 묘를 발휘한 것이다.

사전을 찾아보면 직선은 똑바른 것, 곡선은 굽은 것을 의미한다. 이렇게 정의할 수밖에 없는 이유는 현대 수학에서 직선은 점, 선과 함께 '무정의 용어'이기 때문이다. 직선의 정의는 없고, 다른 요소와 직선 사이의 관계를 공리, 즉 당연한 사실로 인정해 직선이 무엇인지 설명한다. 예를 들면 '직선 위에는 적어도 두 개의 점이 존재한다.' 그 자체로는 더 이상 정의할 수 없고 다른 요소와의 관계에 의해서만 설명할 수 있는 것, 사람마다 구체적으로 생각하는 대상은 다르지만 각자가 생각하는 대로 그대로 받아들이는 것, 그것이 직선이라면 인간이 만든 질서의 근본이 얼마나 불완전한 것인지 다시 생각해보게 된다. 당나귀와 신은 그 어디쯤에서 만나 화해할 수 있을까.

1 밀레토스 도시계획, 히포다모스, B.C.475년경

2 국제 원기 1킬로그램의 기준

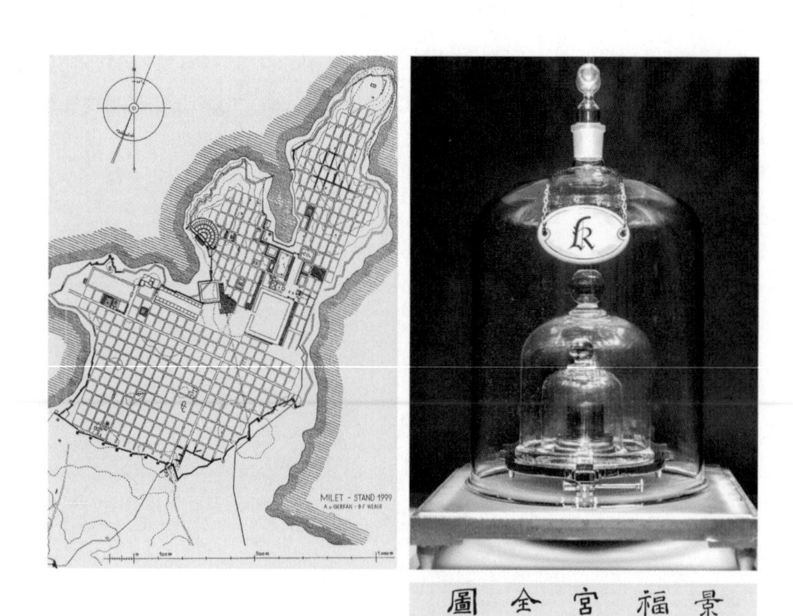

3 경복궁전도, 대칭과 비대칭이 혼합된 유연한 구성

8 창과 창가

집과 세상을 연결하는 통로

사람마다 식당을 선택하는 기준이 다르지만 나는 음식이 훌륭한 식당보다 편안한 자리에서 느긋하게 식사할 수 있는 식당을 좋아한다. 음식이 아무리 훌륭해도 환경이 쾌적하지 않거나 뒤에 기다리고 있는 사람들 때문에 시간에 쫓기면 몸도 마음도 불편하다. 맛을 위해 불편을 감수하는 사람이 있는가 하면 맛보다 식사하는 시간 자체를 중요하게 생각하는 사람이 있고 나는 후자다. 그래서 식당에 들어서면 좋은 자리를 먼저 찾고 마음에 드는 자리가 없으면 발길을 돌리기도 한다. 극장에서 스크린 앞 1열에서는 절대 영화를 보지 않는 것처럼 말이다. 식당에서 자리를 고를 때 첫 번째 고려 사항은 '창'에 가까워서 밝고 외부 조망이 가능하지만 눈이 부시거나 춥거나 덥지 않아야 한다. 두 번째는 고객과 직원이 빈번하게 드나드는 통로 공간을 피한다. 이런 통로 공간은 대부분 공간과 공간을 물리적으로 연결하는 '문'에 가깝다. 이동이 빈번한 카운터, 주방, 화장실, 간이 서비스 공간은 멀수록 좋고 시야가 차단되면 더욱 좋다. 나머지 고려 사항은 소소하지만 옆 테이블과 거리가 충분히 떨어져 있고 음악 볼륨이 적당하고 환기가 잘되고 분위기에 맞는 가구가 있고 언제든지 점원을 호출할 수 있으면 좋다.

식당뿐만 아니라 대부분의 공간에서 창과 문의 배치가 중요한 이유는 '창'이 내부와 외부의 관계를 설정하고 '문'이 이쪽과 저쪽의 관계를 정의하기 때문이다. 건축설계는 하나의 덩어리, 볼륨에 개구부를 만들어 요구되는 기능을 해결하고 그 공간만의 고유한 성격을 만드는 것이다. 하지만 의외로 많은 사람들이 창과 문의 중요성을 간과한다. 평면 레이아웃은 생활의 불편함을 초래하기 때문에 오랜 시간을 두고 검토하면서 정작 내부 공간의 성격을 규정하는 데 있어 큰 역할을 하는 창과 문을 디자인할 때는 특별한 기준을 제시하지 못하는 것이다.

건축의 역사는 창의 역사라고 할 수도 있다. 창은 집과 도시가 만나는 경계에서 개인과 공공 사이의 관계를 설정하고 내부의 요구가 외부로 표출되는 건축 요소이기 때문이다. 그래서 창을 어떻게 설계했는지 보면 그 시대 그 지역에 살았던 사람들이 세계를 어떻게 이해하고 적응하며 살았는지 알 수 있다. 이슬람 도시에서는 이슬람교 계율 때문에 집 밖으로 모습을 드러낼 수 없는 여성들이 실내에서 가로를 조망하기 위해 벽의 일부를 바깥쪽으로 돌출시킨 내닫이창을 만들었다. 이런 형식의 창을 영어권에서는 오리엘 윈도우oriel window라고 한다. 이 창은 주로 영국처럼 비가 많이 오거나 일사량이 부족한 지역에서 실내로 자연광을 끌어들이기 위해 만들었는데 이렇게 돌출된 창가에 붙박이 의자와 가구를 설치해 가족들이 모여앉아 담소를 나누는 휴식 공간으로 사용하기도 했다. 두 지역의 창은 비슷한 형식을 하고 있지만 한쪽은 종교적 이유에서, 다른 한쪽은 환경적 이유에서 형태가 결정된 것이다.

우리가 알고 있는 창의 기본 기능은 채광, 조망, 환기지만 창의 역할과 성격을 자세히 들여다보면 그렇게 단순하지 않다. 채광만 보더라도 빛이 한 점으로 모이는 창이 있는가 하면 모래알처럼 흩어지는 창, 공간을 빛으로 균질하게 가득 채우는 창, 복잡한 패턴으로 빛을 조각하는 창, 내부와 외부에 그늘을 만드는 창 등이 있다. 같은 유형의 창이라도 폭과 깊이, 재료, 구성 등에 따라 전혀 다른 효과가 나타나거나 하나의 창에서 여러 가지 성격이 복합적으로 발견되기도 한다.

멕시코의 건축 거장 루이스 바라간Luis Barragán 자택에는 다양한 종류의 창이 설계되어 있다. 정원을 마주하고 있는 1층 휴게실에는 5미터 높이의 큼직한 통창이 있는데 벽과 창이 만나는 부분의 창틀은 벽 안에 묻혀 보이지 않고 십자가 모양의 얇은 중간 창틀만이 풍경을 가볍게 가로지른다. 이곳은 숭고한 자연의 빛이 가득한 추상적 공간이다. 반면 게스트룸에는 밖으로 열리는 유리창, 고정 유리창, 격자 프레임, 철망, 덧창이 겹쳐진 복잡한 구성의 창이 있어 거주자가 빛의 밝기와 성격을 미세하게 조절할 수 있다. 사분된 실내측 덧창을 살짝 열어놓으면 어두운 방 안에 빛의 십자가가 나타나고 독실한 천주교 신자였던 바라간은 이 빛에 깃든 신의 자취를 어렴풋이 느꼈을 것이다. 이곳에서 우리는 매일 아침 하루가 다시 시작되는 특별한 사건, 신의 기적을 확인할 수 있다.

근대 이전에 빛은 그 자체로 신의 섭리이자 세상을 밝히는 진리의 상징이었기 때문에 사람들은 빛을 신성하게 생각하고 주의 깊게 다뤘다. 하지만 계몽주의와 산업화 시대에 들어서면서 빛의 의미는 밝고 어두운 정도를 나타내는 기술적 척도, '조도'로 축소되었고 종교적 권위를 잃은 채 세속화됐다.

프랑스 파리 거리에 처음으로 가스등이 불을 밝힌 것은 1801년의 일이다. 당시 과학기술의 급속한 발전은 유구한 빛의 역사를 모두 집어삼킬 정도로 압도적인 충격이었다. 과학기술의 황홀경을 경험한 모더니즘 건축가들은 어두웠던 실내 공간에 자연광을 끌어들이고 건물의 내외부를 투명하게 연결하기 위해 거대한 '유리의 성'을 디자인하기 시작했다. 1851년 영국 만국 박람회의 수정궁crystal palace이 대표적인 예다. 당시 564미터 길이의 대형 유리 온실은 인류 역사의 진보이자 물질문명의 상징이었다. 상승 지향의 바벨탑이 높이로 신의 권위에 도전했다면 투명한 유리의 성은 눈이 밝아진 주체의 시선 지향을 통해 세계를 지배하는 보편적 주체의 특권을 암시했다. 하지만 오늘날 우리가 일상적으로 접하는 대형 유리벽, 커튼월 빌딩에서 원대한 기술 문명을 떠올리는 사람은 많지 않을 것이다. 기술 발전의 속도가 빨라지면서 신기술이 주는 충격과 감흥의 지속 기간 역시 짧아진 탓이다. 이제 유리 커튼 월에 남은 건 단조로운 빛의 인상과 과도한 조도, 투명성뿐이다.

창은 위치, 형태와 크기에 따라 다양한 빛의 효과를 연출할 수 있다. 예를 들어 바닥에서 천장까지 길게 이어진 수직창은 빛이 바닥과 천장면을 비추면서 방의 크기, 볼륨을 강조한다. 수평창은 일반적으로 조망을 위한 창이지만 창이 눈높이가 아니라 천장이나 바닥 가까이 설치되면 전혀 다른 효과를 낼 수 있다. 천장 가까이 붙은 수평창은 천장면을 빛으로 밝게 강조하면서 실제보다 천장고를 높게 보이게 하는 효과가 있지만, 바닥 가까이 붙은 수평창은 빛을 바닥면에 비스듬하게 비추면서 시선을 아래로 유도하고 창 외부에 위치한 바닥 재료의 물성을 실내에 투영하기도 한다. 수면에 비춰 부서지는 햇살이나 자갈을 타고 들어오는 차분한 색조의 어스름함 같은 것 말이다. 하지만 우리는 평소에 이런 빛의 질감을 접하기가 쉽지 않다. 자연광의 경우 창이 공간의 인상을 결정할 만큼 정교하게 계획되지 않았고 인공광 역시 집 안에서나 밖에서나 어디를 가도 업무 공간 등에 적합한 500럭스lux 이상의 강한 백색광이 설치되어 있기 때문이다. 장소와 활동에 따라 차이가 있지만 표준협회에서 권장하는 주택의 전반 조도가 60~150럭스 정도임을 생각하면 차이가 크다. 게다가 최근에는 에너지 절감을 위해 LED전등이 널리 보급되면서 백열전구가 가지고 있던 따뜻한 감성을 잃고 색감마저 단조로워졌다. 빛의 농담보다 균질함에 익숙해진 것이다.

창의 또 다른 기능은 '조망'이다. 안동 병산서원 입구에 위치한 만대루에 올라 맞은편 병산을 바라보면 마루와 지붕 처마 사이로 풍경을 잘라내는 가로로 긴 액자 프레임이 보인다. 이렇게 프레임 안에 풍경을 가두는 방식을 '광경框景'이라고 한다. 광경은 전체 풍경에서 특정 장면을 선택해 잘라냈기 때문에 풍경이 창문에 달라붙은 하나의 그림처럼 인지된다.

서양 근대 건축에서 이와 유사한 사례는 '가로로 긴 수평창'이다. 근대 건축의 상징과도 같은 수평창은 카메라 렌즈를 통해 세상을 보듯 실내에서 외부를 파노라마로 조망하기 위한 프레임이었다. 르 코르뷔지에는 수평창에 달라붙은 자연이 사람의 움직임에 따라 영화 필름처럼 순차적으로 상영되기를 원했고 역사의 진보를 신봉했던 모던 보이에게 카메라와 영화의 직선적인 시간 흐름은 근대를 상징하는 시각 기계이자 새로운 건축 모형이었다. 그에게 창은 일종의 영상 장치였다. 프랭크 로이드 라이트Frank Lloyd Wright 역시 가로로 긴 수평창과 두 면이 만나는 모서리에 모서리창을 자주 사용했지만 르 코르뷔지에와는 조금 다른 이유에서였다. 그는 광활한 아메리카 대륙의 수평적 경관이 미국을 상징한다고 여겼고 수평성에서 민주적 가치를 발견하고자 했다. 반면 건축가 오귀스트 페레Auguste Perret는 수평창이 수직으로 서 있는 인간의 지각을 왜곡하기 때문에 세로로 긴 수직창을 만들어야 하늘과 땅이 이어진 자연의 진정한 모습을 감상할 수 있다고 주장하기도 했다. 몸에서 분리된 시각이 아니라 중력에 저항하며 땅 위에 바로 선 우리 몸의 지각을 강조한 경우다.

'환기'는 창을 열고 닫는 것 정도로 생각하기 쉽지만 환기 때문에 고려해야 하는 여러 가지 조건이 있다. 정부에서 마련한 에너지절약설계기준에 따르면 창호는 일정 성능 이상의 기밀성air-tight을 갖춰야만 한다. 그런데 집의 기밀성이 높아질수록 에너지는 절약할 수 있지만 반대로 환기량이 부족해져 전열 교환기라는 별도의 환기장치를 설치해야 한다. 간절기를 제외한 여름이나 겨울에 창을 열어 자연 환기를 하면 실내 공기 전체를 다시 냉난방해야 하므로 에너지 소모량이 커지기 때문이다. 전열 교환기는 이러한 열손실은 최소화하면서 환기량을 일정하게 유지해주는 역할을 한다. 공기 정화 필터가 내장된 전열 교환기는 에너지 절감뿐만 아니라 실내 공기질 개선 효과도 있어 2006년, 100세대 이상의 공동주택에 전열 교환기 설치가 법적으로 의무화된 이후 설치 대상이 지속적으로 확대되는 추세다. 이제 에너지를 절약하면서 실내 공기 질을 일정 수준 이상으로 유지하려면 백화점처럼 하루 종일 기계식 공조가 작동해야 하는 것이다.

우리가 어렸을 때 살던 집을 회상해보면 창가는 언제나 계절의 열기와 냉기를 품고 있는, 바람이 새어 들어오고 다시 돌아 나가는 보이지 않는 틈과 같은 공간이었다. 침대 머리맡 창문에서 낙하한 외기가 얼굴에 내려앉았을 때, 나는 벽으로 둘러싸인 작은 방에서 끝없이 펼쳐진 세계를 상상하며 잠이 들곤 했다. 고요한 밤에는 창을 열지 않아도 세상의 인기척을 느낄 수 있어서 창이 마치 세상과 나 사이에 있는 얇은 막처럼 느껴지기도 했다.—최근에 사용되는 40밀리미터가 넘는 삼중유리에 비하면 실제로 유리가 얇기도 했고 기밀하지 않은 틈 사이로 공기가 계속 오갔다.—겨울에는 코가 시려 이불에 얼굴을 파묻어야 했지만 경계의 느슨함이 주는 예기치 못한 재미와 자극은 내가 이 우주의 일부임을 확인시켜줬다. 혹자에게는 이런 경험이 낭만적인 감상으로 들릴지도 모르겠지만 기술적으로 통제된 인공 환경이 주는 편익과 경제적 효용 반대편에는 우리가 잃어버린 삶의 의미와 직관이 잠들어 있다는 사실도 잊어서는 안 된다.

창은 본래 그곳에 모인 다양한 존재들이 교차하는 풍부한 의미의 장소, 행위의 장이었다. 시간에 따라 변화하는 빛과 그림자, 동네 아이들의 재잘거림, 등교하는 아이에게 손을 흔드는 어머니, 창가에 걸터앉아 밖을 바라보는 사람, 발코니에 놓인 화분, 창에 가깝게 붙은 나무 잎사귀들. 그런데 만약 창이 벽에 걸린 그림처럼 관조를 위한 독립된 오브제라면 계절에 따라 그림을 바꿔 다는 것과 무슨 차이가 있을까. 창은 그보다 인간이 외부 세계로 인식의 지평을 확대하는, 일상의 다양한 행위가 일어나는 참여 공간이 되어야 하지 않을까. '창'은 건물을 구성하는 수많은 물리 요소들 가운에 하나지만 '창가'는 세상을 경험하기 위한 통로이자 구체적인 실존의 장소이기 때문이다.

1 루이스 바라간 자택의 4분할 덧창, 멕시코시티, 1947

2 실외측으로 돌출된 오리엘 윈도우

3 병산서원 만대루의 광경

9 문과 문간

열고 닫다

피렌체 산타 마리아 델 피오레 성당에 속한 산조반니 세례당 동쪽에는 '천국의 문'이라는 별칭으로 유명한 청동 대문이 있다. 1402년, 흑사병으로 고통 받던 피렌체의 종교지도자들은 세례당 대문을 교체하기 위해 현상 공모를 했고 르네상스 조각가 기베르티와 브루넬레스키가 최종 경쟁한 결과 기베르티가 당선했다. 기베르티는 계약서에 서명하면서 계약 기간을 9년으로 명시했지만 실제 동쪽 청동문이 완성된 것은 1424년의 일로, 작업을 시작한 지 21년 만이었다. 1425년에 시작된 나머지 북쪽 청동문 제작에는 27년이 걸려 1452년에 끝났다. 스물네 살에 현상 공모로 시작한 작업이 일흔네 살에 끝난 것이다. 기베르티가 평생을 바치고 미켈란젤로도 감탄했던 이 문을 보기 위해 지금도 수많은 관광객들이 피렌체를 찾는다. 그렇다면 그들에게 문은 왜 이렇게 중요했을까.

도시를 둘러싼 성곽이나 가옥의 대문이나 문의 기본 기능은 에워싸인 내부 공간을 외부인으로부터 보호하고 내부와 외부를 구분 짓는 것이다. 문이 없이 벽으로만 둘러싸인 공간은 사람이 살 수 없고 문이 항상 열려 있으면 내부를 보호할 수 없다. 따라서 문을 통과하는 것은 내부인의 자격 혹은 권리를 의미하고 내부인이 하나의 공동체로 결속되어 있음을 의미한다. '파문하다'라는 표현을 생각해보자. 파破는 깨뜨리다, 부수다를 의미하므로 파문은 문門을 부순다는 뜻이다. 어떤 사람의 권리를 빼앗고 집단에서 제명하는 것은 자유롭게 드나들 수 있는 문이 사라지는 것과 같다. 우리가 생각하는 대부분의 문은 벽의 일부로 열리고 닫히면서 이쪽과 저쪽 공간을 연결하거나 단절하지만 사찰의 일주문이나 개선문처럼 두 개의 기둥과 하나의 보로 구성된 상징적인 형태의 문도 있다. 열고 닫는 기능 이전에 영역을 나누고 한정하는 것이 문의 첫 번째 존재 이유이기 때문이다.

전통 건축에서 이러한 경계를 물리적 건축 요소로 구현한 것이 문지방이다. 문지방threshold은 두 개의 공간이 서로 접한다는 경계성과 자유로운 통행을 제한하는 장애물이 있음을 나타낸다. 물리적으로 보면 문지방은 문 아래쪽 바닥에 접한 부분에 수평 부재를 덧붙여 만든 턱을 말한다. 전통 가옥에서는 공간의 위계에 따라 문지방의 높이가 정해지기도 했고 흙, 마루, 온돌 등 바닥 마감재에 따라 형태가 달라지기도 했다. 지금은 통행에 불편을 준다는 이유로 대부분의 집에서 문지방이 사라졌지만 2000년대 중반까지만 해도 집집마다 방과 거실 사이, 거실과 베란다 사이에는 문지방이 있었다. 침실 바닥 마감은 온돌의 한지를 모방한 PVC 시트 장판, 거실은 목재 대청마루를 모방한 강마루, 베란다는 흙이나 돌 마당을 모방한 타일. 공간별로 바닥 재료를 달리하고 그 사이에 문지방을 만들었던 전통 가옥의 어휘가 비교적 최근까지 유지되고 있었던 것이다. 문지방이 사라진 후 홀로 남은 문은 경계의 상징적인 의미를 잃고 단순히 '공간을 열고 닫는 기계장치'가 됐다. 이제 이쪽과 저쪽은 상황에 따라 일시적 관계를 유지할 뿐이다. 하지만 과거에 문은 얇은 경계가 아니라 체적을 가진 하나의 독립된 공간에 가까웠다.

루이스 캐럴의 소설을 각색한 디즈니 애니메이션 〈이상한 나라의 앨리스〉에서 꿈 많은 소녀 앨리스는 나무 아래 토끼굴을 통과하면서 현실에서 상상의 세계로 이동한다. 토끼굴에서 앨리스가 처음 마주한 것은 토끼가 지나간 작은 문이었다. 그런데 첫 번째 문을 열면 두 번째 문이 나오고 두 번째 문을 열면 세 번째 문이 나온다. 환상의 세계로 들어가는 문은 한 번에 열리지 않고 이렇게 여러 번의 의례를 요구한다. 아시아와 미국 영어권에서 1층은 first floor이지만 유럽과 영국 영어권에서 1층은 ground floor, 2층이 first floor이다. 가로에 접한 1층은 건물의 현관 역할을 하고 실제 거주용 공간은 2층에서부터 시작했기 때문이다. 집과 도시가 '문'으로 연결된 경계 공간은 온전히 건물에 속한 첫 번째 층이 아니라 도시 가로에 속한 반-공공의 영역이었다. 앨리스가 환상의 나라로 들어가기 전에 머물렀던 토끼굴 같은 공간 말이다.

근대 이전에는 문 앞에 이런 중성적인 성격의 대기 공간이 있었다. 초기 그리스도교 성당 입구에는 문 앞에 나르텍스narthex라는 기능이 모호한 공간이 있어서 세례 받지 않은 사람은 이곳에 머무르고 세례 받은 사람만 안으로 들어갈 수 있었다. 성소와 속세 사이에 존재하는 개념상의 중간 영역이었고 성당에 모인 사람들이 잠시 머무르며 대화하는 사교의 장이기도 했다. 서양에서는 현관문 앞 가로로 돌출되어 지붕으로 덮인 공간을 포치porch라고 한다. 이곳 역시 내부와 외부 사이에 중간 영역을 만들어 집을 방문한 손님이 잠시 대기하거나 쉴 수 있도록 배려한 것으로, '문'만 만든 것이 아니라 문의 앞 공간, '문간門間'을 함께 만들었다. 고대 그리스에서는 이런 공간을 '방naos 앞에 있다'는 의미로 프로나오스pro-naos라고 불렀다.

미국의 건축가 루이스 칸Louis Kahn은 건물을 설계할 때 세 종류의 사람을 고려해야 한다고 말했다. 첫 번째는 목적을 가지고 건물에 들어가는 사람, 두 번째는 건물에 들어가지는 않지만 건물 앞에 잠시 머무르는 사람, 세 번째는 건물을 그냥 스쳐 지나가는 사람이다. 건물에 들어가지는 않지만 건물 앞에 잠시 머무르는 사람을 고려해야 한다는 것은 문과 문의 앞 공간이 건물과 도시가 만나는 경계에서 사람을 맞이하고 환대하는 장소가 되어야 한다는 의미다. 건축법에서 일정 규모 이상의 건축물을 신축할 때 건물 주변에 공개공지open space for public purposes, 공중이 자유롭게 이용할 수 있는 소규모 휴게 공간을 설치하도록 의무화하는 것도 이러한 취지다. 누구나 대가없이 누릴 수 있는 보편적 복지의 성격을 가진 포용적 도시 환경이 삶의 질을 높이기 때문이다. 정부는 건축의 공공성을 강화하고 민간의 자율적 참여를 유도하기 위해 사유 공간을 공익적 목적을 위해 내놓을 경우 용적률 및 높이 제한에서 인센티브를 주고 있다.

건물의 입구, 현관은 건물의 첫인상을 결정하는 중요한 건축 요소다. 그래서 고대인들은 집주인의 취향대로 문을 장식했고 귀족들은 문 앞에 가문의 휘장이나 문패를 매달았다. 우리나라는 1897년 현대적인 우편제도가 도입되면서 집집마다 집 주소가 명시된 문패를 달도록 법으로 정했지만 본래 문패의 기원은 권세가들이 높은 벼슬을 했거나 나라에서 표창한 내용을 붉은색 홍패나 남색 청패에 적어 솟을대문에 내걸었던 것이다. 양옆의 행랑보다 지붕을 높게 올린 솟을대문은 높이와 거대함으로 양반의 권위를 상징했고 권세가들은 이 높이를 강조하기 위해 문 앞에 따로 석축을 쌓기도 했다. 서민도 계층에 따라 문의 재료와 형태가 여러 가지였다. 소농 계층은 울타리만 있거나 울타리조차 없는 집도 있었지만 하층민은 여러 종류의 나뭇가지를 발 모양으로 엮어 간이문을 만들었고 중류층은 담장에 한 칸 평대문을 세웠다. 지역과 계층마다 재료와 형태가 달랐고 같은 계층의 가구라도 똑같은 문은 하나도 없었다. 문과 문간에는 집주인의 취향과 상황이 있는 그대로 표현되어 있었기 때문이다.

오늘날 문은 어떠한가. 우편 제도상의 집 주소, 공동주택의 동

호수, 종종 종교를 설명하는 기호 외에 집주인의 존재를 표상하는 어떤 신호도 없다. 집과 도시, 내부와 외부는 문을 경계로 단절되어 있고 문의 기능은 개폐, 보안, 단열, 차음, 방화로 축소됐다. 문은 보통 이런 몇 가지 일차적 기능이 통합되어 표준화된 상태로 판매된다. 하지만 자세히 들여다보면 문은 여전히 사람과 사람, 사람과 사물 사이의 관계를 내포한다. 사생활 보호가 필요한 방에는 차음 성능이 있는 여닫이문을 설치하지만 다용도실 등의 서비스 공간이나 개인만 사용하는 옷장, 화장실 문은 공간 활용을 위해 미닫이문을 사용하는 것도 이러한 관계를 반영한 결과다. 마찬가지로 병원이나 어린이집에서는 노약자의 안전을 위해 문에 투시창을 설치하고 상업 시설에서는 상품이 효과적으로 전시되도록 투명도 높은 유리문을 사용한다. 관공서에서는 유리문이 투명한 행정을 환기하는 수단이 되기도 한다. 문이 우리에게 작은 목소리로 무언가를 말하고 있는 것이다.

언젠가부터 비밀번호를 꾹꾹 눌러 문을 열던 디지털 도어록이 자동 인식 시스템으로 바뀌면서 귀가할 때 복도를 울리던 경쾌한 기계음이 사라지고, 건물 입구에 무인 택배함이 설치되면서 집 앞에 쌓인 신문이나 우유, 택배 상자도 보기 힘들어졌다. 이웃에 사람이 살고 있다는 인기척도 느낄 수 없는 적막한 공간이 되어버린 것이다. 사생활 보호와 보안이 우선이기 때문이지만 그만큼 현대사회는 물리적으로, 심리적으로 단절되어 있다.

그런데 12월이 되면 이웃집 현관문에 걸린 크리스마스 리스 장식을 볼 때가 있다. 집주인이 퇴근길에 혼자 여유를 느끼고 싶어 걸어놓은 것일 수도 있고 이웃을 위한 작은 배려일 수도 있지만, 그 의도를 떠나 누군가 정성 들여 가꾼 일상의 흔적을 느낄 수 있다는 건 그 자체만으로 분명 반가운 일이다. 나는 이런 인기척과 기대치 않은 반가움이 많아질수록 우리의 삶이 풍부해지고 공동체가 지속 가능해질 것이라 믿는다. 오스카 와일드의 동화 『거인의 정원』에는 아름답게 가꾼 정원을 혼자만 보고 싶었던 거인의 이야기가 나온다. 거인이 정원에서 놀던 마을 아이들을 내쫓고 담을 세우자 정원에는 끝나지 않는 겨울이 오고 거인은 홀로 남는다. 그러던 어느 날 아이들이 몰래 담을 넘어 들어오자 정원에는 다시 봄이 찾아오고 거인은 그제야 삶을 소진시켰던 무익한 겨울의 이유를 알게 된다. 우리가 가꾼 정원에는 몇 명의 아이들이 뛰어놀고 있을까. 봄은 언제쯤 다시 찾아오는 걸까.

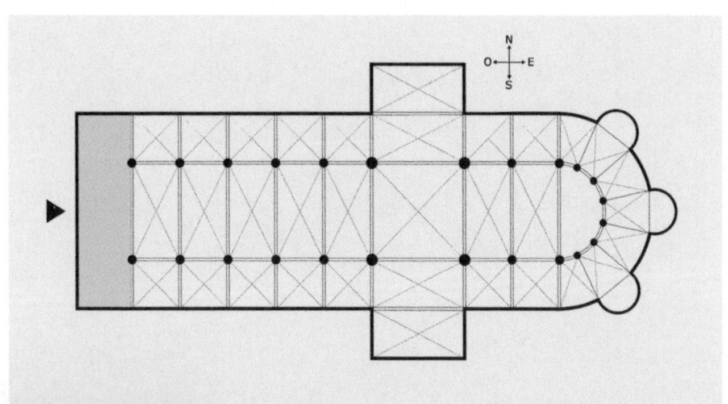

1 성당 서측 입구의
나르텍스 공간

2 기베르티의 청동문,
이탈리아 피렌체, 1452

3 백인제 가옥의 솟을대문,
북촌 가회동, 1913

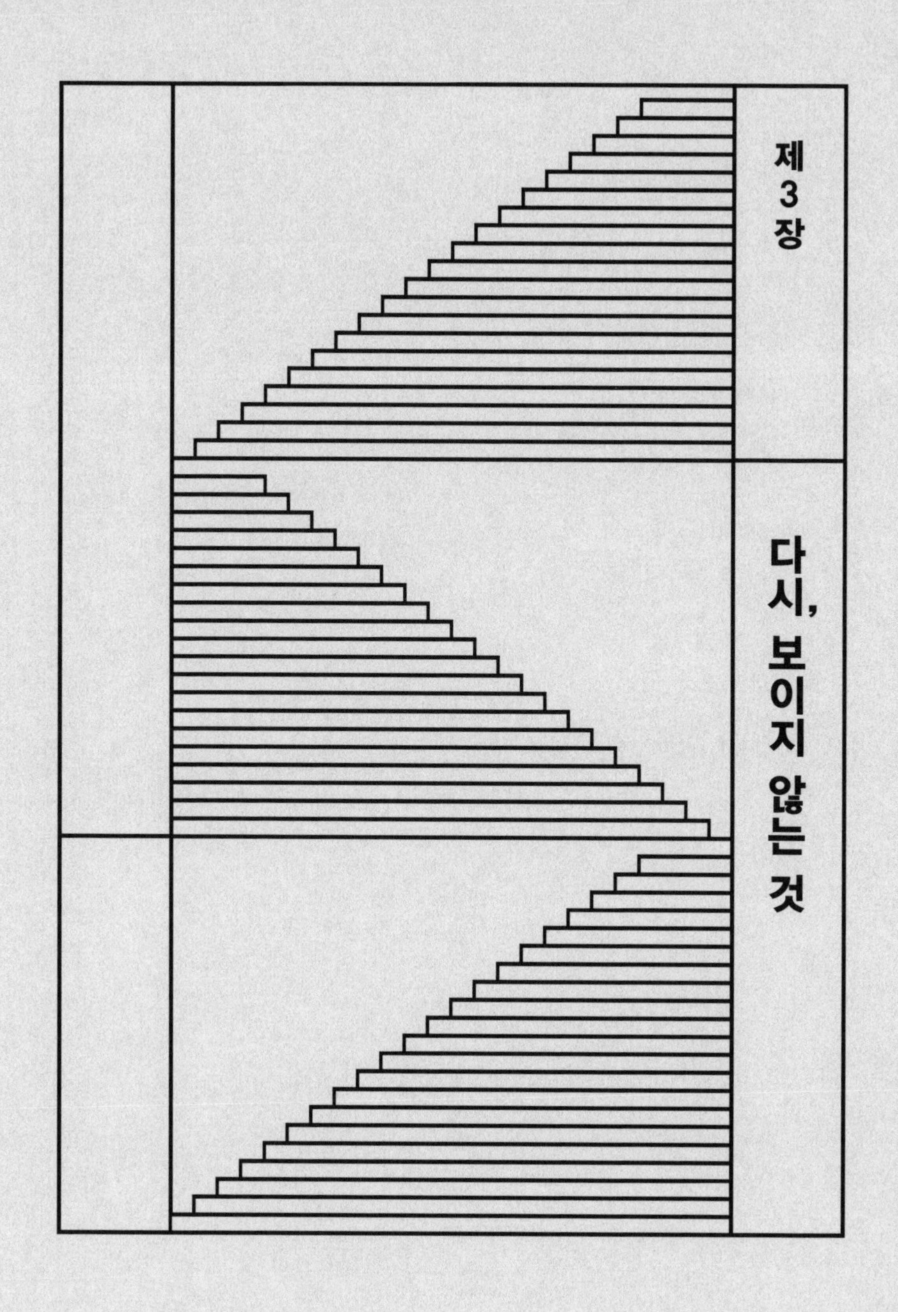

제3장 다시, 보이지 않는 것

1 의지와 구조

사람은 건물을 만들고
건물은 다시 사람을 만든다

만나면 마음이 편하고 안정되지만 지루하지 않고 만날 때마다 일상에 신선한 자극을 주는 사람이 있다. 그는 타인과 약자를 배려하지만 과하지 않아 부담스럽지 않고 옷가짐은 단정하고 세련됐지만 허례허식이 없으며 자기만의 색깔이 있다. 주위 분위기를 잘 파악해서 조화롭게 어울리며 낯선 사람을 포용한다. 낭비하거나 옹색하지 않고, 경제적이지만 낭만을 즐길 줄 안다. 팔방미인은 아니지만 자기만의 세계가 있다. 사람이 만드는 건물도 마찬가지다. 좋은 건물은 좋은 사람을 만나는 것과 같다. "We shape our buildings, thereafter they shape us." 윈스턴 처칠은 폭격으로 폐허가 된 영국 의회 건물 재건 계획을 발표하며 '사람은 건물을 만들고 건물은 다시 사람을 만든다'라는 유명한 연설을 남겼다. 이 짧은 문장에는 사람과 건물의 관계가 압축되어 있다. 실력 있는 건축가가 좋은 건물을 짓는 게 아니라 좋은 사람들we이 모여 좋은 건물을 짓고 그렇게 지어진 건물은 우리 삶을 새롭게 조형shape한다는 사실이다.

영국의 위대한 예술비평가 존 러스킨John Ruskin이 1849년 출판한 『건축의 일곱 등불』 제1장은 건축과 건물을 구분하면서 시작한다. 그에 따르면 '건축은 인간이 세운 구조체를 배열하고 장식하는 예술로서, 사용 목적이 무엇이건 간에 그 모습이 인간 정신의 건강, 힘, 그리고 즐거움에 기여하도록 하는 것이다.' 필요와 기능을 해결하면서 형태적으로 존귀하고 아름다운, 어쩌면 불필요할 어떤 성격을 부여하는 것이 건축이라면 인간 정신의 등불인 건축은 벌집, 쥐구멍, 벙커 등과 구별되어야 한다. 하지만 철도역이나 공장처럼 아무리 실용적인 건물이라 하더라도 창작하고 만드는 사람의 생각과 공동체의 담론이 반영되지 않은 '완전히 중립적인' 구축물은 존재할 수 없다. 무명의 '만드는 사람'이 주변에서 쉽게 구할 수 있는 저렴한 벽돌과 모르타르로 엉성하게 쌓아 올린 담벼락이나 무표정한 아파트 단지에도 그 시대와 사회만의 상황과 논리를 표상하는 조형 원리가 숨어 있기 때문이다. 오스트리아 건축가이자 사회 역사학자 버나드 루도프스키는 1964년 출판된 저서 『건축가 없는 건축』에서 세계 각 지역의 토속 건축 사례를 소개하며 정규 교육을 받은 건축가가 아닌 지역 공동체가 오랜 세월 축적해온 비전문 건축의 가치에 대해 말하고 있다. 계보화된 주류 건축 이론이나 역사가 아니라 보통 사람들의 손으로 일궈온 익명의 역사다.

'사람이 건물을 만든다'는 말에 구축하는 인간과 공동체의 주체적 의지가 담겨 있다면 '건물이 다시 사람을 만든다'는 말에는 인간의 행위와 사회 현상을 총체적 구조와 체계 안에서 파악하려는 구조주의적 시각이 담겨 있다. 그럼 구조주의는 건축에서 실제로 어떻게 반영되고 구현됐을까. 건축가이자 이론가인 피터 아이젠만은 건축가를 개념적 건축가, 현상적 건축가, 행위적 건축가로 구분했다. 개념적 건축가는 독자적 형식과 체계를 갖춘 자율적 존재, 오브제로서의 건축을 강조하고, 현상적 건축가는 우리가 실제로 체험하는 지각의 과정을 강조하는 반면, 행위적 건축가는 건물의 조형 원리나 형식보다 사람들의 구체적인 삶의 방식, 행위의 배경에 대해 고민한다. 앞의 두 가지 경우가 주체의 정신과 의지, 직관과 감각을 강조하는 실존적 사유라면 마지막 행위적 건축가는 구조주의적 견해에 가깝다고 할 수 있다. 현대건축에서는 렘 콜하스와 MVRDV로 대표되는 네덜란드 건축가 그룹이 이러한 경향을 보이는데 여기에는 네덜란드 구조주의 건축가들의 유산과 그에 대한 반성이 함께 녹아 있다.

1970년대 구조주의 건축은 공간을 친밀한 휴먼 스케일에 맞춰 작게 나누고 동일한 모듈을 반복해 기능적으로 유연한 유기적 구성을 하고 있었다. 근대 건축을 특징짓는 경직된 기능주의, 공간이 주는 어떤 인상이나 분위기보다 사람들의 행위를 유발하는 물리적 조건, 형식에 관심을 둔 것이다. 따라서 구조주의 건축은 환경이 인간 행위에 미치는 영향을 탐구하면서 역사적으로 반복되고 많은 사람들에게 널리 공유되어온 객관적이고 일반적인 공간 구조를 규명하고자 했다. 그리고 이러한 공간 구조는 '유형' 또는 '패턴'이라는 개념으로 체계화됐다. 미국의 도시계획가 케빈 린치Kevin Lynch는 도시를 통로path, 경계edge, 집중점node, 지구district, 랜드마크landmark라는 다섯 가지 유형으로 분류했고, 건축가 크리스토퍼 알렉산더Christopher Alexander는 1977년 출판된 저서 『패턴 랭귀지』에서 모든 건물에서 반복적으로 사용되는 불변의 요소를 253가지 패턴으로 분류하여 기술하기도 했다. 이 패턴에는 순환도로, 산책로, 야간 활동, 계단식 주택, 연결된 놀이터 등의 주제어가 포함되어 있다. 제목의 '랭귀지'라는 단어에서 알 수 있듯이 그는 패턴을 일종의 의미, 언어 체계로 보고 거주자 또는 사용자가 몇 가지 패턴을 조합하여 건축 계획 및 건설에 활용할 수 있다고 주장했다. 몇 가지 조건을 입력하면 사용자의 요구 조건을 파악해 최적의 결과물을 찾아주는 검색엔진과 유사하다. 그래서 이 책은 건축이 아니라 IT 분야의 바이블이 됐다.

하지만 앞서 언급한 렘 콜하스는 대도시의 거대함, 밀도, 역동성, 스펙터클을 찬미하면서 구조주의 건축가들의 보편적이고 반복적인 성격을 비판했다. 주거, 업무, 상업, 문화시설 등이 각각의 공간 특성에 따라 구분되지 않고 모두가 똑같이 작고 동일한 공간 단위에 갇혀 있다고 본 것이다. 그의 작업은 사람들의 행위를 규정하는 공간의 성격과 구성, 그 가능성에 관심을 두고 있다는 점에서 구조주의 건축과 결을 같이하지만 현대사회의 불확실성, 변동성, 모호성, 복잡성을 반영하고 있다는 점에서는 구조주의 건축을 넘어서고 있다. 구조주의에서 경시되었던 인간의 욕망과 동기, 사건과 상황, 흐름과 불연속을 다루고 있기 때문이다.—이러한 사유를 구조주의와 구분해서 후기 구조주의라고 부른다.—그래서인지 렘 콜하스를 포함한 네덜란드 건축가들의 최근 작품을 보면 이들은 주체와 객체, 의지와 구조, 우연과 필연, 보편성과 다양성이라는 인간과 환경의 양면적 관계를 하나의 조형 안에 통합해야 하는 난해한 과제를 떠안은 것 같다. 당연한 얘기지만 세상이 이해하기 힘들어질수록 사람이 만든 건축도 이해하기 힘들어진다.

유럽연합이 공통으로 사용하는 유로화 지폐 7종에는 고대에서 현대까지 이르는 7대 건축 양식—고대 그리스, 로마네스크, 고딕, 르네상스, 바로크, 철과 유리, 철근콘크리트—이 디자인되어 있다. 전 유럽이 공유했던, 시대와 문화를 대변하는 건축 양식이 하나로 통합된 유럽을 상징하는 것이다. 서구인들에게 건축은 역사이자 문명, 정체성이다. 한 시대의 사람들이 모여 건물을 지으면 그 건물은 문화가 되고 문화는 다시 그 시대를 증언하는 목격자이자 삶의 기반이 되기 때문이다. 독일의 사회학자 울리히 벡은 '건축가들이 미학적 목표만을 마음속에 그리고 있더라도 건축은 벽돌과 모르타르를 갖고 행하는 정치'라고 말했다. 건물은 다양한 사회 주체들이 자신의 의견을 개진하고 타협하는 과정을 거쳐 완성되고 그렇게 완성된 건물은 다시 우리 삶에 영향을 주므로 건축이 일종의 고도화된 정치적 행위라는 뜻이다. 따라서 통일된 건축 양식이나 운동이 존재하지 않는 현대사회에서 건축이 인간과 사회에 미치는 영향을 정량적으로 판단할 수는 없지만 건축에 사회적 책임과 윤리 의식이 필요하다는 것은 자명하다. 하지만 지금 우리는 주어진 사회적 책임을 다하고 있는가. 우리가 살고 있는 도시와 문명에 자부심을 가질 수 있는가. 미래의 후손들은 현재의 우리를 자랑스러워할 것인가. 답은 오늘을 살아가는 우리에게 있다.

공동체에 기여하고자 하는 의지는 좋은 사람이 되고 싶다는 단순한 동기에서 시작한다. 좋은 사람 주변에는 좋은 사람이 모이고 그렇게 사회는 조금씩 나아져간다.

1 대중 연설의 교과서
윈스턴 처칠

2 크리스토퍼 알렉산더의
『패턴 랭귀지』 표지, 1977

3 네덜란드 구조주의 건축,
센트럴 바흐허, 1972

2 하얀 벽과 전망대

권위로부터의 해방

17세기에서 19세기 초반까지 영국과 유럽의 상류층 자제들은 서구 문명의 기원으로 여겨졌던 고대 그리스와 로마 유적지, 르네상스를 꽃피운 이탈리아의 피렌체, 베네치아 등을 여행하는 것이 필수 교양 수업이었다. 짧게는 몇 개월, 길게는 몇 년이 소요되었던 이 여행을 '그랜드 투어'라고 한다. 그랜드 투어는 고전에 대한 식견과 견문을 넓히고 예법을 익힘으로써 귀족 사회의 일원이 되기 위한 과정이자 가문의 부를 과시하는 수단이기도 했다. 이들은 여행에서 자신이 보고 듣고 느낀 것을 뽐내기 위해 현지에서 책, 그림, 조각, 공예품 등을 가져왔고 이렇게 수집한 콜렉션으로 집을 장식했다. 사람들은 이국의 진기한 물건을 구경하기 위해 그랜드 투어를 마치고 돌아온 귀족의 저택으로 몰려들었고 이것이 예술품을 한정된 공간에 전시하는 '갤러리'의 시초가 된다.

그랜드 투어에서 돌아온 귀족들이 가지고 온 것은 예술품만이 아니었다. 구릉이 많은 이탈리아의 계단식 정원은 프랑스로 전해져 정형의 기하학적 형태를 띤 프랑스식 정원으로 발전했고 영국에서는 인공과 자연이 조화한 픽처레스크 정원으로 진화했다. 땅속에 묻혀 있던 고대 도시들이 발굴되면서 고전 건축 양식이 서유럽으로 전해져 신고전주의를 촉발했고, 신고전주의는 이 시대를 정의하는 아름다움의 새로운 표준이 됐다. 다수의 평범한 도시민이 아니라 그랜드 투어에서 돌아온 극소수 엘리트 집단이 독점적으로 여론을 형성하고 이들이 자신들의 필요와 취향대로 도시 경관을 재구성한 것이다. 프리드리히 니체가 르네상스는 백 명 정도의 한정된 인원이 이루어낸 역사라고 말한 것도 이런 맥락이었다. 산업화, 민주화 이전에는 지배 계층과 지배 계층의 후원을 받은 전문가 집단이 양식의 흐름을 주도했다. (기원전 동서양의 문화와 기술을 연결했던 6,400킬로미터 길이의 실크로드를 개척한 것 역시 한 무제武帝와 소수의 상인들이었다.)

하지만 1840년대 철도 여행이 대중화되면서 상류층의 전유물이었던 그랜드 투어는 퇴색되었고 속도로 무장한 근대는 시간과 공간을 압축하기 시작했다. 1860년 프랑스의 르누아르가 내연기관 자동차를 발명하고 1908년 헨리 포드가 T형 자동차로 '마이카' 시대를 열면서 사람들은 장소의 구속으로부터 벗어나 이동의 자유를 얻었다. 전파를 통해 다양한 정보에 접근하게 되면서 '대중'이라는 새로운 인종이 탄생했고 근대적 이동 수단과 대중매체의 발달은 세계시민이라는 이상을 창조하기도 했다.

이러한 시대의 흐름, 근대에 각성한 것은 건축가도 마찬가지였다. 르 코르뷔지에는 저서 『건축을 향하여』에서 기선, 비행기, 자동차 등의 이동 수단과 산업용 제품 사진을 나열하며 근대의 표준화된 기술과 엔지니어들의 노력을 찬미했고 『오늘날의 장식 예술』에서는 19세기 부르주아들의 자기과시적 장식 예술을 비판하며 새로운 시대에는 부유하거나 가난하거나 사람이면 누구나 위생적이고 건강한 환경에서 아름다움을 공유하며 인간답게 살 자격이 있다고 주장했다. 당시 유럽의 상류층들은 신고전주의, 고딕, 바로크 등의 양식 예술을 소비하고 있었고 각각의 장식은 교육받은 사람들만 이해할 수 있는 상징과 우화로 가득 차 있었다. 모두가 누릴 수 없는 차별적인 아름다움이었던 것이다. 그래서 그는 건물에서 순수한 입방체, 공간의 볼륨만을 남기고 모든 장식을 삭제했다. 건물 내·외부를 매끈하게 둘러싼 하얀색 벽은 순수한 공간을 강조할 뿐만 아니라 전근대적인 관습과 권위적인 종교를 타파하고 민주공화국의 윤리적 올바름과 근대의 차별 없는 기술을 표현한 것이었다.

하지만 현실에서 이런 주장은 수사적 구호에 그치고 만다. 그의 가장 유명한 주택 작품 '빌라 사보아Villa Savoye'는 하얀색 회벽으로 마감되어 있지만 이 회벽은 누구나 누릴 수 있는 경제적 아름다움이 아니라 스위스에서 고가에 수입된 고급 자재였고, 공장 생산된 규격품을 조립한 것이 아니라 시공자들이 현장에서 수공예로 마감한 노동의 산물이었기 때문이다. 근대 아방가르드 건축가들은 '예술은 순수하게 예술만을 위한 것Art for Art'이며 정치, 사회, 종교 등 예술 이외의 다른 어떤 동기도 가져서는 안 된다는 귀족적 유미주의aestheticism에 반대했다. '예술은 철저히 인생을 위해 복무Art for life's sake'해야 하며, 당면한 현실의 문제를 외면하거나 도피해선 안 된다. 하지만 결과적으로 그들이 제시한 대안 역시 또 하나의 배타적 미학으로 수렴하고 만 것이다.

르 코르뷔지에의 또 다른 주택 작품 '페사크 주택단지Cité Frugès de Pessac'는 프랑스 기업인 앙리 브뤼게가 그의 설탕 공장 노동자들을 위해 보르도 외곽에 지은 51세대 규모의 임대주택이다. 이 주택단지는 건축의 모듈식 표준화, 테일러리즘이라는 원대한 꿈을 안고 시작한 모던 프로젝트였고 실제로 일 년이 채 안 되는 단기간에 1단계 건설이 완료됐다. 코르뷔지에는 여기서 빌라 사보아와 마찬가지로 전원의 서정적 풍경을 환기시키는 박공지붕 대신 공간 활용을 극대화한 평지붕을 사용했고, 순수기하학에 기반한 추상적 매스에 가로로 긴 수평창을 넣어 자기 완결적 오브제를 완성했다.

하지만 코르뷔지에가 기획한 하얀 벽의 주거용 건물, 장식이 사라진 순수한 상자는 노동자들에게 '아늑한 영혼의 쉼터'가 아니라 '퇴근 후에도 쉴 새 없이 돌아가는 기계'를 연상케 했고 건물이 완공되자 이들은 시대를 앞서간 이 주택에 거주하기를 거부했다. ― 건축주의 요청으로 갈색, 녹색, 파랑이 일부 사용됐음에도 불구하고. ― 건물이 공실로 비자 브뤼게는 건물을 일반에 매도할 수밖에 없었고 건물을 사들인 집주인들은 자기 취향에 맞춰 건물을 개조하기 시작했다. 창문에는 나무 덧문과 차양이 달렸고 평지붕에는 슬레이트 박공이 올라탔다. 마당에는 고전 양식을 어설프게 모방한 장식품들이 설치됐고 농가풍의 말뚝 울타리가 세워졌다. 근대 건축의 개척자이자 혁명가가 꿈꿨던 백색 추상 공간이 순식간에 조잡한 키치로 탈바꿈한 것이다. 지금은 페사크 지방정부가 건물을 매입해 르 코르뷔지에 기념관을 만들고 유네스코 세계문화유산으로 지정해 보호하고 있지만 80년대까지만 해도 이 지역은 그렇게 퇴락한 슬럼으로 남아 있었다.

근대 건축사에서 '페사크 주택단지'가 자주 언급되지 않는 이유는 이곳이 근대 건축의 실패한 실험실, 감추고 싶은 불명예였기 때문이다. 하지만 시도하고 거절당하고 다시 시도하는 것이 전위부대를 뜻하는 아방가르드의 숙명이기도 하다.—아르게스 요른이 1962년 그린 회화 작품의 제목은 '아방가르드는 포기하지 않는다'였다.—물론 건축이 형태, 색채, 재료 등을 이용해 자기주장을 할 때 그 주장은 건축가 개인의 자의적 목표, 이상이 아니라 공동체가 추구하는 가치에 부합해야 한다. 건축은 '작업에 몰두하는 개인의 순수한 창작물'이 아니기 때문이다. 하지만 동시에 우리는 역사의 기차가 아방가르드라는 석탄을 태워 거침없이 달려왔다는 사실 또한 기억해야 한다. 인류의 공식적인 역사는 전위를 기록하고 후위를 지워왔기에 일정한 무게를 유지할 수 있었고 침몰을 피할 수 있었다. 그러므로 오늘을 살아가는 우리는, 우리가 추구하는 오늘의 가치가 영원불변한 것이 아니라 어떤 계기나 상황에 의해 변화할 수 있다는 것을 항상 염두에 두고 다양한 소수 의견에 열린 자세를 취해야 한다. 다수 의견이 옳다는 어리석음, 힘 있는 다수가 역사를 이끌어간다는 착각을 반복하지 않기 위해서 말이다.

르 코르뷔지에의 하얀 벽이 아방가르드 예술가가 제시한 민주적 디자인이었다면 1889년 파리 만국박람회장에 세워진 에펠탑은 엔지니어가 제시한 민주적 구조물이었다. 파리의 전통 경관을 해치는 기괴하고 혐오스러운 쇳덩어리로 비난받기도 했지만, 건립 당시 지상 276미터 높이의 에펠탑은 세계 최고 높이를 자랑하는 첨단 엔지니어링의 총아였다. 과거 지상에서 높이 솟아오른 자리는 권력자의 신성, 권위를 상징하는 징표였다. 고대 문명의 신전 또는 왕과 귀족들의 궁전은 대부분 도시에서 가장 높은 언덕 위에 자리하고 있었고 태양신을 숭배했던 이집트의 거대한 오벨리스크, 이슬람 경당의 망루 미나레트, 중세 기독교의 고딕 성당 등은 모두 인간이 높이를 갈망했던 예이다. 지금은 도심 빌딩 숲에 에워싸인 작은 벽돌 건물에 불과하지만 조선 말 프랑스 선교사들이 지은 '명동성당' 역시 건립 당시에는 경복궁과 도성이 훤히 내려다보이는 언덕 위에 자리 잡고 있었다. 당시 조선 왕실은 백성이 왕보다 높을 수 없다는 의미에서 도성 내 건물의 높이를 제한했을 뿐만 아니라 이 자리가 조선 열왕列王의 영정을 모신 영희전의 주맥에 해당한다는 이유로 성당 건축에 반대했다. 세속의 왕과 권능의 하나님이 높이를 두고 경쟁했던 것이다. 프랑스 공사관의 노력으로 갈등이 봉합되기는 했지만 하늘을 찌를 듯 솟은 고딕

풍의 벽돌 건물과 첨탑의 십자가가 주는 위압감은 실로 장대했다.

높이가 가진 권위를 보여주는 또 다른 예가 있다. 율곡 이이가 태어난 신사임당의 친정집, 강릉 오죽헌에 가면 어제각御製閣이라는 작은 건물이 있다. 이 건물은 정조 대왕이 율곡 이이의 학문을 칭송하며 그가 어린 시절 사용하던 벼루와 저서 『격몽요결』을 보관하도록 명해 지은 것으로 그 내부에는 '어제각'이라는 현판이 붙어 있다. 그런데 임금을 뜻하는 '어御'자는 '제'와 '각'보다 위쪽에 치우쳐 있어 전체적으로 줄이 맞지 않는다. 임금을 뜻하는 문자마저 존귀하게 여겨 다른 문자와 높이를 같이할 수 없었던 것이다. 시절이 이러하니 명동성당을 마주한 조선 왕실이 받은 충격은 상상 이상이었다.

절대왕정 시절 태양왕 루이 14세의 베르사유궁전은 건물 2층 중앙에 위치한 왕의 침실을 중심으로 세 갈래 축선이 방사형으로 퍼져나가도록 구성했다. 권력자의 시선이 세상의 중심이고 높이는 그 시선을 독점하는 것이었기 때문이다. 하지만 강철 다발을 엮어 만든 에펠탑 전망대는 약간의 돈만 있으면 누구나 세상에서 가장 높은 높이를 살 수 있도록 함으로써 높이의 권위를 해체했다. 사람들은 에펠탑에서 도시를 내려다보며 새로운 시대를 꿈꿨고 발아래 놓인 작아진 세계를 손으로 더듬으며 여행했다. 높이와 시선의 권능을 대중에게 되돌려준 전망대 위에 전파 송신탑이 세워진 것 역시 이 건물이 가진 의의를 다시 한번 확인시켜준다. 민주주의 이상의 물적 구현이라는 관점에서 보면 '하얀 벽'은 실패했고 '전망대'는 성공했다.

1 그랜드 투어에 나선 유럽의 귀족들,
캄파냐의 영어 여행객,
칼 스피츠베그, 1845

2 퇴락한 페사크 주택단지,
르 코르뷔지에,
프랑스 페사크, 1924

3 오죽헌 어제각의 현판,
강릉, 1788

3 공간과 장소

이름을 붙이면 버릴 수 없다

표준국어대사전을 보면 '공간'은 '아무것도 없는 빈 곳', '어떤 물질이나 물체가 존재할 수 있거나 어떤 일이 일어날 수 있는 자리'라고 정의되어 있다. 반면 '장소'는 '어떤 일이 이루어지거나 일어나는 곳'이라고 한다. 두 단어를 비교해보면 공간은 사물의 있음과 없음, 존재의 상태나 상황을 뜻하는 용어이고 장소는 사람의 행위가 일어나는 구체적이고 한정된 영역이라는 것을 알 수 있다. 공간과 장소의 정의에서 등장한 단어 '자리'와 '곳'을 다시 사전에서 찾아보아도 '자리'는 사람이나 물체가 차지하고 있는 공간을 뜻하고 '곳'은 일정한 자리나 지역을 뜻한다. 이렇게 보면 공간은 추상적인 사물의 빈 '자리'이고 장소는 구체적인 삶의 터전, '곳'이다.

우주를 지칭할 때 우주 장소라고 하지 않고 우주 공간이라고 하는 것처럼 공간은 사람이 없어도 존재하고 시간이 흐르면 자연의 섭리대로 변화하는 무색무취의 가치중립이다. 한 위치에 정박하지 않고 비행기나 배처럼 유동하는 것, 추상적인 것, 교환 가능한 것이므로 공간은 무한히 확장하는 자유로움을 의미하기도 한다. 반면 장소는 어떤 일이 일어날 수 있는 곳이므로 사람의 의식, 가치, 행위가 개입되어 있다. 사람이 없으면 장소도 없는 것이다.

김춘수의 시 「꽃」은 이렇게 시작한다. "내가 그의 이름을 불러주기 전에는 그는 다만 하나의 몸짓에 지나지 않았다. 내가 그의 이름을 불러주었을 때, 그는 나에게로 와서 꽃이 되었다." '공간'은 이름을 불러주기 전 하나의 몸짓이고 '장소'는 이름을 불러준 후의 꽃이다. 뭐든지 이름을 붙이면 그 존재가 내 삶 속으로 깊숙이 들어와 세계의 일부가 된다. 얼마 전 딸아이가 다섯 살이 되면서 어릴 적 가지고 놀던 장난감을 하나둘 정리하려고 딸에게 장난감을 동생에게 물려줘도 되겠냐고 허락을 구한 적이 있다. 딸은 잠시 고민하더니 '이름 있는 친구들은 주면 안 되고, 이름 없는 친구들은 줘도 된다'고 대답했다. 공간과 장소도 마찬가지다. 공간에는 이름이 없고 장소에는 이름이 있다. 그래서 내가 살고 있는 장소의 고유함은 내가 누구인지 어떤 사람인지를 말해준다. 세상에 던져진 '공간'에 우리의 기억과 시간을 담으면 '장소'가 되는 것이다. 그러고 보면 공간과 장소는 선과 악처럼 이항 대립이 아니라 공간이 있어야 장소가 가능하고 장소를 벗어나면 공간이 보이는 상관의 개념이다.

19세기 말 근대 아방가르드 건축가들은 건축을 '장소'의 구속으로부터 해방시켜 추상적인 '공간'으로 표준화하려 했다. 이들에게 땅은 봉건 지주와 부르주아의 생산 기반이었고 그 위에 견고하게 서 있는 건물은 청산해야 할 구시대의 유물이었다. 따라서 과거에 고유했던 '장소', 땅은 균질한 3차원 좌표계로 환원되어야 했던 것이다. 볼셰비키 혁명을 전후로 러시아에서 나타난 구축주의constructivism 양식은 이런 흐름의 일부였다. 구축주의의 대표작 블라디미르 타틀린의 〈제3인터내셔널을 위한 기념비〉는 소프트 아이스크림처럼 기울어진 나선형 구조에 유리와 철골로 만든 입체가 층층이 쌓인 구성을 하고 있었다. 여기서 두 개의 엇갈린 철골 나선은 명제와 반명제라는 역사적 변증법을 의미하고, 기울어져 한 점으로 수렴하는 전체 구조는 혁명의 역동성과 이데올로기에 의해 유토피아로 인도되는 개인을 상징한다. 이들은 개인의 자의적 표현, 작가의 독자적 구성을 향락주의로 비난하면서 백지상태에서 사회를 완전히 새롭게 '건설construct'하고자 했다.

르 코르뷔지에가 제시한 근대 건축의 5원칙—필로티, 옥상정원, 자유로운 입면, 자유로운 평면, 가로로 긴 수평창—중 필로티 역시 땅에 고정되어 있던 건물을 중력으로부터 해방시켜 순수하고 추상적인 공간 입체를 공중에 띄우기 위함이었다. 르 코르뷔지에는 젊은 시절 그의 어머니를 위해 스위스 레만 호숫가에 작은 주택을 지었다. 그런데 이 집은 대지를 먼저 매입하고 그에 맞춰 설계한 것이 아니라 자신이 생각하는 최적의 계획안을 그린 후에 거꾸로 그 계획안에 적합한 땅을 찾은 것이다. 그의 건축은 대지에 속한 것이 아니라 대지에 앞서 이미 존재했고 '어머니의 집'에서 중요했던 것은 호수와 나란히 배치된 일자형 매스와 그 내부를 순환하는 동선, 호수를 향한 수평적 풍경이었다. 이 집은 꼭 그 장소가 아니더라도 호수에 접한 기다란 대지면 어디에나 적용할 수 있는 표준 주택의 하나였던 것이다. 그에게 건물이 놓일 땅은 비행기가 착륙하는 활주로나 헬리콥터의 이착륙장과 다름없었다. 이러한 생각은 20세기 초 국제주의 양식으로 발전해 유럽과 미국의 진보적 건축가들이 참여한 근대건축국제회의C.I.A.M가 결성된다. 국제주의는 어떤 특정 지역에 한정되지 않고 전 세계에 유통 가능한 합리적이고 기능적인 기계 시대의 '구축 기계'였다.

1960년대에 들어서면서 유럽에서는 지역적 차이와 장소의 고유함을 잃은 국제주의 양식에 대한 반성이 시작되었고 역사적 맥락에 대한 존중, 토속적 가치의 복원, 문화인류학적 접근, 사용자 참여 등을 주장하는 성찰적 건축 운동이 등장한다. 알도 반 아이크, 스미슨 부부, 에네스토 로저스 등의 건축가들이 참여한 팀텐Team X이 대표적인 예다. 이들은 마르틴 부버의 실존적 휴머니즘을 토대로 도시의 역사적 구조와 연속성을 강조하는 한편 도시를 성장하고 변화하는 유기체로 봤다는 점에서 근대 건축과 차별화된다.

장소의 가치와 의미를 회복하려는 운동은 예술 분야에서도 제기됐다. 대지예술로 불리는 이 양식은 흙, 돌, 나무 등의 자연물을 이용하여 지형을 조작하거나 콘크리트, 금속, 플라스틱 등의 인공물을 추가하여 그 장소에서만 가능한 장소 특정적site-specific

작품을 만드는 것이었다. 로버트 스미스슨이 그레이트 솔트 호숫가에 만든 〈Spiral Jetty〉나 리처드 세라가 언덕 위에 건물 두 개층 높이의 금속 띠를 박아 넣은 〈Te Tuhirangi Contour〉이 잘 알려진 작품이다. 근대의 예술 작품은 이곳에서 저곳으로 이동 가능한 자기 완결적 오브제였지만 대지예술의 '장소 특정적' 사물은 작품이 놓인 장소에서 떼어내 옮길 수 없는 장소에 귀속된 예술이었다. 이러한 생각은 건축에도 영향을 미쳐 한 지역의 고유한 사회 문화적 풍토를 강조한 지역주의regionalism와 역사적 맥락을 강조한 맥락주의contextualism가 등장한다. 하지만 건물은 장소의 고유한 성격과 주변 맥락에 의해서만 결정되지 않는다. 지구상에 완전히 똑같은 두 개의 대지는 존재할 수 없지만 인접한 위치에 거의 비슷한 조건을 가진 두 개의 대지라고 해서 똑같은 건물이 지어지지는 않는 것처럼 말이다. 그래서 장소가 건물을 만든다는 수동적 의미의 '장소 특정적'은 건물이 장소를 만든다는 '장소 결정적site-determined'이라는 개념으로 발전한다. 이 개념은 건물이 그 장소에 놓임으로써 장소의 숨은 의미를 드러내고 그 장소만의 고유한 분위기를 새롭게 구성한다는 것이다.

건축 이론가 노베르그 슐츠Christian Norberg-Schulz는 하이데거가 저서 『예술 작품의 근원』에서 예시한 그리스 아크로폴리스 신전에 대한 해석을 인용하며 이렇게 말한다. "건물이 세워짐으로 인해 장소는 새로운 의미로 확대되며 한계 지어진다. 신전으로 인해 그곳은 신이 임재하는 거룩한 경내가 되며, 더 나아가 인간 현존의 운명을 암시적으로 알려준다. 달리 말해, 주어진 장소는 신전에 의해 드러나는 은폐된 의미를 소유하게 된다." 따라서 에게해를 마주한 바위산의 풍경은 신전이 들어서면서 비로소 아크로폴리스라는 하나의 완결된 세계를 완성한다.

근대 아방가르드 건축이 시간을 초월한 투명한 '공간'을 만들었다면 미국의 위대한 건축가 루이스 칸은 인류의 역사와 행위의 근원을 탐구하고 건물이 놓일 땅, '장소'의 의미를 적극적으로 사유한 철학자였다. 그는 '건물이 지어지기 전에 그 건물에 대해 완전히 대답할 수 있다면 올바른 것이 아니며 건물은 점점 자라나면서 우리에게 대답한다'고 말했다. 나무가 땅에 뿌리를 내리고 하나의 생태계를 구성하는 것처럼 건물도 자리를 잡고 시간이 흐르면서 풍경과 하나가 되어가는 과정을 강조한 것이다. 이것이 '장소 결정적' 사고다. 루이스 칸은 아크로폴리스를 여행하며 바위산에 남아 있던 대리석 폐허에서 장소의 의미를 발견했고 여러 장의 스케치와 텍스트를 남겼다. 그런데 재밌는 것은 앞서 언급했던 근대 건축의 거장 르 코르뷔지에도 20대에 아크로폴리스를 방문하고 깊은 감동과 영감을 받아 아크로폴리스를 건축 인생의 출발점으로 삼았다는 것이다. 하지만 그는 거기서 루이스 칸과 다른 것을 보았다. 파르테논 신전에서 수학적 논리가 가진 조화와 균형을 보았고 아크로폴리스 언덕 너머 동서남북으로 무한히 뻗어나가는 기하학의 연장선에서 풍경을 지배하는 이성의 탑을 본 것이다. 그것은 장소가 아니라 공간이었다.

타틀린의 제3인터내셔널을 위한
기념비 축소 모형, 1920

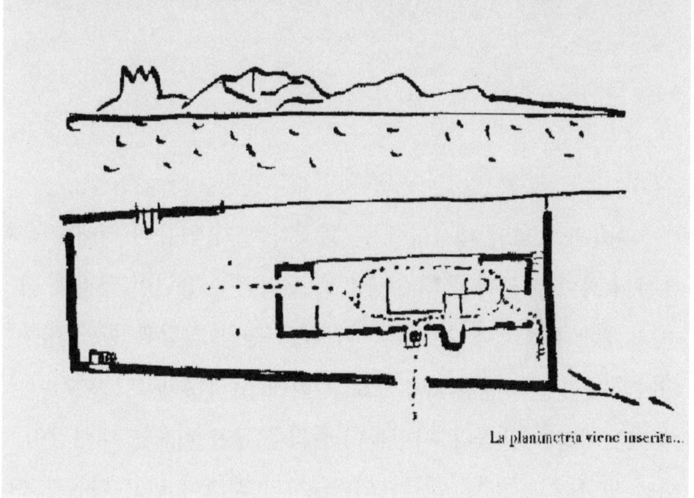

1 리처드 세라의
Te Tuhirangi Contour, 1999

2 르 코르뷔지에 어머니의 집
Villa Le Lac, 1924

4 장소와 장소혼

노트르담 대성당과 잠실 5단지 아파트

파리 노트르담 대성당에 큰 화재가 나자 인류의 위대한 문화유산이 화마에 휩싸여 대기 중으로 소멸하는 장면이 전파를 타고 전 세계에 생중계됐다. 파리 시민들은 성당 첨탑과 함께 지붕이 내려앉자 망연자실한 표정으로 자리에 주저앉아 흐느끼거나 두 손으로 머리를 감쌌다. 시민들이 충격을 받은 이유는 대성당이 빅토르 위고의 소설 『노트르담의 꼽추』의 배경이 되고 나폴레옹의 대관식이 있었기 때문이 아니라 천 년 가까운 세월 동안 파리라는 지구상의 특정 장소에 자리를 잡고 자연의 거친 풍파와 세속의 무수한 사건 사고를 버티며 하나의 영역을 지배하는 힘, 수호 정령이 되었기 때문이다. 이러한 실존적 장소성을 건축에서는 라틴어로 '지니어스 로시genius loci'라고 말한다. 이 단어는 수호 정령을 뜻하는 지니어스genius와 장소를 뜻하는 로쿠스locus의 합성어다. 지니어스 로시는 장소와 그 장소에서 행해지는 모든 행위를 주관하는 조절자이자 지역의 신, '장소혼'을 의미한다.

토속신앙에서 이런 원형적 사고는 동양이나 서양이나 공통적으로 발견된다. 고대인들은 도시가 들어서는 땅은 신의 계시가 있어야 한다고 생각했고 신의 증거를 찾기 위해 주술을 동원하거나 동식물의 운동을 자세히 관찰했다. 아메리카의 푸에블로 인디언은 인간이 땅속 지하 세계에서 나왔다고 믿었기에 땅을 보호하고 자연과 조화해야 한다고 생각했다. 그래서 지하에 키바kiva라는 원형 경당을 짓고 신성시했다. 동양 문화권에서 사용되는 풍수지리도 사람과 자연의 관계로부터 산 자를 위한 도시와 건물 혹은 죽은 자를 위한 사당과 묘지가 들어설 자리를 찾는 입지 선정의 기술이었다. 하지만 균질 공간 생산을 지향한 근대 건축 운동은 자기 충족적이고 고립된 '오브제들의 집합'으로 도시를 구성해나갔다. 그것은 새로운 생산방식, 즉 대량생산 및 대량 소비를 위한 물적 토대를 구축하는 과정이었고 자본의 흐름을 극대화하기 위해 세계는 극적으로 추상화되어야 했다. 세계가 이렇게 추상화될수록 장소가 가진 고유한 성격과 의미는 희석될 수밖에 없었고, '살기 위한 기계' 속에 거주하는 개인은 정체성의 위기라는 상실의 시대를 맞이한다. 이러한 시대적 배경과 문제의식 속에서 등장한 것이 실존적 장소성, '장소혼'이라는 개념이다.

하이데거는 주체와 객체를 구분하는 형이상학적 전통철학에서 벗어나 존재의 현사실성Faktizität이야말로 인간의 의식과 인식에 비해 보다 근원적이라고 주장한다. 그는 인간을 세계 내 존재, 현존재Dasein라고 불렀다. 이 용어는 인간이 우주에 혼자 내버려진 것이 아니라 우리가 살고 있는 이 세계, 장소에 귀속된 존재라는 것을 의미한다. 인간의 생각 이전에 몸이 먼저 있고 몸은 장소를 차지하며 실제로 존재한다는 것인데 지금 기준에서 보면 너무나 당연한 것 같은 이 이야기가 당시에는 굉장히 논쟁적인 철학이었다. 서양 철학의 주류는 영원불멸의 이데아만이 참지식이며 몸은 영혼이 임시로 머무는 그림자 같은 존재였기 때문이다.

이러한 하이데거의 실존적 사유를 건축 이론에 적극적으로 도입한 건축학자가 앞서 소개한 노베르그 슐츠다. 그는 이렇게 말한다. "인간은 삶이 발생하는 지역의 수호신에게 접근할 필요가 있다. 우리는 실제의 터전을 얻기 위해 환경과 '친숙'해져야 한다. 친숙함은 환경이 의미 있는 것으로 경험된다는 것을 뜻한다. 친숙화familiarization는 장소에 주의 깊다는 의미이다. 주의 깊다는 것은 '돌본다'는 의미이고 그것은 창조적 적응이라 할 수 있다." 다시 말해 인간은 장소를 주의 깊게 돌보며 친숙해지는 과정에서 삶의 터전을 발견할 수 있다는 것이다. 그에 따르면 장소는 이미 주어진 것이고 인간은 거기에 창조적으로 적응한다. 장소성이란 오랫동안 지속되고 전승되어온 '장소혼'에 의해서만 결정되는 것이 아니라 시대와 상황에 따라서 타자를 수용하며 활동적으로 재구성될 수 있다. 유류 저장고나 고속도로처럼 단순히 오래된 건물이나 시설이라고 해서 의미 있는 것이 아니라 사람들의 행위와 공동체가 공유하는 생활의 이력이 지층처럼 누적될 때 그 자리만의 고유한 성격이 만들어지는 것이다.

노트르담 대성당이 불탔을 때 파리 시민들은 고향을 잃은 실향민처럼 절망했지만 숭례문이 불탔을 때 그 정도로 슬퍼하는 서울 시민은 많지 않았다. 국보 1호가 소실된 것은 안타까운 일이지만 정부의 부실한 관리 책임과 사고 대응만이 문제로 지적됐을 뿐이다. 이런 차이는 왜 생겼을까. 숭례문은 도심 속 교통섬처럼 고립된 오브제다. 차를 타고 지나가면서 보면 테마파크에 놓인 모형 건물과 다를 게 없다. 노트르담 대성당처럼 도시민이 공유하는 삶의 터전 안에 있는 것이 아니라 거리를 두고 바라보는 시각적 대상으로 동떨어져 있었던 것이다. 숭례문은 물리적으로는 서울 한가운데 위치하지만 마음의 거리로 치자면 분명 사대문을 벗어나 있다. 강남역 뉴욕제과나 신촌 독수리다방이 사라졌을 때 얼마나 많은 사람들이 아련하게 빛바랜 추억의 앨범을 뒤적였는지 생각해보면 장소의 의미가 문화재라는 형식적 지위나 골동품의 연식만으로 설명되지 않는다는 것을 알 수 있다.

1978년 준공한 잠실 주공 5단지는 2021년 올해로 지은 지 만 42년이 됐고 곧 재건축을 앞두고 있다. 재건축 조합은 단지 내 건물의 전면 철거를 원했지만 서울시는 기존 건물의 역사적 가치를 고려해 한강변 523동 1개 동과 중앙 대형 굴뚝의 존치를 요구했고 사유재산 침해라는 조합의 주장과 공익이 우선한다는 서울시의 주장은 지금도 평행선을 달리고 있다. 주민들은 사업성도 문제지만 523동 건물과 대형 굴뚝이 존치할 만한 가치가 있는지 의

구심을 표한다. 두 개의 거대한 구조물은 흉물스러운 폐허일 뿐 그들이 수십 년 동안 살아온 이 장소에 대해 아무것도 말해주고 있지 않다는 것이다. 18세기 낭만주의 시대에는 과거 문명이 남긴 건축물의 잔해들을 심미적으로 보는 '낭만적 폐허'가 유행했다. 사람들은 고대 그리스와 고딕 시대의 폐허에서 과거의 흔적이나 역사를 유추한 것이 아니라 인공이 생성되었다가 세월의 풍화를 거쳐 다시 자연으로 돌아가는 '초월적 순환'의 이미지를 발견했고 이것을 신성하게 생각했던 것이다. 그러면 잠실 주공 5단지 주민들은 이런 낭만을 몰라서 건물의 잔해를 흉물스럽다고 묘사했을까?

4월이 되면 잠실 주공 5단지에는 벚꽃이 만발한다. 이곳 주민들뿐만 아니라 주변에 거주하는 이웃들도 4월이 되면 5단지로 벚꽃놀이를 올 정도니 40년 넘은 세월 동안 이곳에 뿌리내리고 가지를 뻗으며 살아온 벚나무 가로의 여유와 바람에 흩날리는 분홍색 기억들은 한강을 흐르는 강물만큼이나 깊고 푸르다. 아파트 단지를 남북으로 관통해 한강까지 이어지는 벚나무 터널 아래 흩뿌려진 봄빛과 꽃향기의 태피스트리는 여의도 윤중로에서는 경험할 수 없는 이곳만의 고유한 분위기를 연출한다. 아이들은 벚나무 아래서 자라 청년이 되었고, 청년은 중년이 되었고, 중년은 노인이 됐다. 서울시가 5단지 주민들에게 재건축 과정에서 존치했으면 좋을 장소나 환경요소를 물었다면 분명 이 벚나무 가로가 우선순위에 있었을 것 같다. 고유한 장소성은 콘크리트 건물이나 거대한 구조물에만 내재한 것이 아니다. 주민들이 공유하고 있는 소중한 삶의 기억은 4월에 흩날리는 벚나무 꽃잎에 있을 수도 있고 마을 장터가 서던 근린상가 앞이나 잔디밭, 아니면 놀이터 담장이나 의자처럼 작은 사물에 있을 수도 있다. 따라서 개인의 기억이 장소에 뿌리내리고 그 기억이 개인을 너머 모두의 기억으로 승화하기 위해서는 정부, 관료가 주도하는 기록물 보관소나 보존위원회가 아니라 공론장을 통한 사회적 합의가 필요하다.

철학자 미셸 푸코는 국가 주도의 기록물 보관소를 '사회적 삶에서 풀려나온 자료의 창고가 아니라 사고와 표현의 범위를 제한하는 강압적인 도구'라고 보았고 자크 데리다 역시 '기록물의 통제 없이는 어떠한 정치권력도 존재할 수 없다'고 말했다. 기록물에는 한 시대의 문명을 후대에 전승하고 비판적으로 계승한다는 의미가 있지만, 관료와 전문가에 의한 기록물의 '선별'이라는 관점에서 보면 폭력적인 측면도 있는 것이다. 서울시는 존치된 523동 건물을 역사문화 전시관과 문화시설로 활용할 계획이라고 하지만 주민들의 반발은 사그라들지 않고 있다. 그럼 다른 방법은 없을까? 주민들이 반대하는 건물의 잔해 대신 벚나무 가로를 남기고 나무 아래 주민들이 가가호호 이 장소를 추억할 수 있는 사진이나 개인적 물품이 봉인된 타임캡슐을 묻으면 어떨까. 그리고 30년, 50년, 100년 후에 벚꽃 축제를 하며 타임캡슐을 순차적으로 공개하는 것이다. 관청이 주도하는 기록물 보관소, 박물관이 공식적으로 허가된 역사를 전시한다면 허가받지 않은 개인 박물관, 타임캡슐은 과거와 미래가 직접 대화하도록 돕는다.

부동산 투자자는 땅 위의 건물이 폐허로 변해도 땅의 가치는 물가 상승률에 비례해서 지속적으로 상승한다고 말한다. 하지만 땅에는 경제적 가치만 묻혀 있는 것이 아니라 삶의 기억이라는 상징 자본도 함께 묻혀 있다. 대문호 괴테는 폐허만 남은 조부의 집을 예로 들면서 정말 자신에게 중요한 것은 그곳에서 만날 수 있는 과거의 유물이 아니라 장소 그 자체라고 말했다. 서울시와 재건축조합이 주민들의 재산권을 침해하지 않으면서 이곳만의 고유한 장소성을 보존하고 발전시킬 수 있는 대안을 좀 더 고민했더라면 이 소모적인 논쟁은 피할 수 있었을지도 모른다.

노트르담 대성당 화재 당시
운집한 시민들

1 푸에블로 인디언의 지하 경당 키바

2 잠실 주공 5단지 아파트 벗꽃길

5 디즈니랜드와 메트로폴리스

기획된 모사품과 장소의 상실

찰리 채플린의 무성영화 〈모던 타임즈〉는 대량생산, 반복 노동으로 대표되는 근대적 생산방식을 우스꽝스럽게 묘사하면서 기계시대의 인간소외를 단편적으로 보여준다. 떠돌이 공장 노동자 찰리와 거리에서 빵을 훔치는 고아 소녀는 20세기 초반 산업화 시대의 변화에 적응하지 못하고 부품처럼 쓰이다가 버려진 비참한 사람들이었다. 영화가 제작된 1936년 미국은 만성화된 빈곤과 살인적인 빈부격차, 장시간 노동과 부정부패로 기업가와 노동자 간의 갈등이 극에 달해 노동자들의 파업, 폭동, 실업이 일상화되어 있었다. 근대적 생산방식은 개인의 독자적 인격, 노동이 다양한 형식으로 물화되었던 수공예를 표준화된 공업 생산으로 바꾸면서 인간의 몸과 마음을 기계화했다. 살아 있는 것도 죽은 것도 모두 효율과 기능이 먼저인 기계적 합리성의 시대였던 것이다.

이러한 시대적 요구는 도시와 건축 공간에서도 그대로 구현되었다. 미국의 화가 에드워드 호퍼는 당시 미국 대도시의 고독하고 침울한 분위기를 일상 공간에서 단조풍의 색채와 구성으로 재현했다. 장식 없이 텅 빈 근대의 공간에는 눈부신 자연광이 쏟아져 들어오지만 작품 속 인물들은 모두 무표정하고 권태롭다. 공간도 사람도 모두 황량하고 인공적이다. 그림의 배경은 침실, 사무실, 카페, 기차 객실 등이지만 크게 중요치 않다. 혼자 있어도 혼자이고 같이 있어도 혼자인 진공의 공간에서 삶의 단면은 언제나 사회와 단절된 채 바닥을 알 수 없는 존재의 심연에 산소호흡기를 꽂고 있기 때문이다. 아침에 출근하면 공장의 부품이 되고 밤늦게 퇴근하면 다시 집의 부품이 되는 반복되는 일과는 곡선을 직선으로 만들고 질적으로 다른 사물들에 하나의 이름을 부여하는 폭력이었다. 유리 마천루로 상징되는 근대 대도시에서 장소마다 고유한 차이를 발견하기 힘든 것도 이런 이유에서다. 공간 역시 상품처럼 표준화되고 균질화된 것이다.

산업화 시대에는 대량생산된 상품과 상품의 이미지, 도시적 규모의 환영이 떠돌이 공장 노동자 찰리처럼 도시를 배회하는 무목적의 유령, 물신을 양산했다. 자본이라는 욕망의 기계에서 생산된 피상적 이미지가 군중에게 획일적으로 소비된 것이다. 프랑스의 마르크스주의 이론가 기 드보르Guy Debord는 자본주의와 유혹에 의해 관리되는 이러한 추상적 세계를 '스펙터클의 사회Society of the Spectacle'라고 정의했다. 스펙터클은 '놀라운 구경거리', 어떤 존재의 본질적 의미나 현상에 대한 깊이 있는 통찰이 아니라 물신의 가벼움이 생산하는 충격과 충동을 말한다. 이 용어는 근대에 대한 문제의식을 가장 잘 표현하고 있는 개념 중의 하나다. 그는 스펙터클이 구체적 삶을 살아가고 있는 개인을 허위적 상품 소비자로 재구성한다고 설명한다. '스펙터클의 사회'에서는 상품의 기호와 이미지가 한 장소에 정착하지 않고 도시를 떠다니며 공간 역시 유통 가능한 상품이 된다. 고유한 삶의 양태를 간직하고 있었던 장소가 반복적으로 층층이 쌓인 임대 공간, 면적으로 변한 것이다.

과거에는 도시민들이 도시를 떠올릴 때 공통적으로 합의된 하나의 언어가 있었다. 그 언어는 르네상스, 바로크, 신고전주의 같은 양식style 또는 광장, 가로, 중정처럼 지역에서 오랫동안 반복적으로 나타난 유형typology이었다. 하지만 근대 대도시에서 이 언어는 의사소통 기능을 잃고 다수의 파편화된 이미지로 대체됐다. 50층의 마천루가 있다면 그 건물에는 50개의 서로 다른 이질적인 세계가 병존하고 있고 건물의 내부와 외부는 맥락 없이 단절되어 있는 것이다. 이런 외로운 마천루들이 격자grid 가로망으로 구획된 블록에서 반복적으로 무한 증식하며 대도시를 만든다.

건축가 렘 콜하스는 저서 『정신착란증의 뉴욕』에서 맨해튼의 도시 격자와 마천루, 대도시의 원형으로 코니 아일랜드Coney Island를 제시한다. 코니 아일랜드는 맨해튼의 남쪽 뉴욕항의 입구에 있는, 원래는 섬이었지만 지금은 반도가 된 위락지구로 해변을 따라 놀이동산, 해수욕장, 공원, 산책로, 요트장 등이 이어져 있다. 지금은 쇠락했지만 19세기 말에는 황폐한 무용지에 번쩍이는 타워와 모스크의 첨탑, 곤돌라와 운하, 이름 모를 신비의 성과 사원들이 바다에서 솟아올라 도시민에게 스펙터클과 황홀경의 여흥을 제공했던 핫플레이스였다. 코니 아일랜드는 특허 받은 롤러코스터와 트랙을 달리는 장애물 경마, 24시간 조명을 밝히는 해수욕장, 달나라를 여행하는 체험형 놀이 시설 등이 개발된 최초의 테마파크이자 환상과 쾌락의 전초기지였다. 이곳에서는 유럽의 보자르 양식으로 대변되는 고전적, 관례적 아름다움 대신 사람들을 들뜨고 흥겹게 할 수 있는 세상의 모든 양식이 총동원됐다. 섬 전체가 욕망의 박람회장이었고 복사기로 찍어낸 요란한 허상이었다. 코니 아일랜드의 스카이라인을 수놓은 전선줄과 방송 시설의 네트워크, 밤을 낮처럼 밝힌 인공조명, 지하에 매설된 수도관과 가스관 등의 도시 인프라는 자동기계를 작동하는 피와 근육이었다. 표면 아래 잠복한 눈에 보이지 않는 기술은 도시를 추상화하면서 직관적으로 인지할 수 없는 주술적 세계로 만들었다. 이제 도시민은 자신이 살아가는 도시의 경계와 크기를 가늠할 수 없고 도시가 작동하는 방식 역시 알 수 없다. 남은 건 눈에 보이는 '이미지'뿐이다.

이런 측면에서 현대 대도시는 디즈니랜드나 유니버설 스튜디오 같은 테마파크와 유사하다. 송도 신도시 중심에는 뉴욕의 센트럴 파크처럼 도심 공원이 조성되어 있고 워터프런트water front와 연결된 폭 좁은 운하가 공원을 관통하고 있다. 운하에는 카누와 놀이용 배가 떠다니고 수상 보트가 공원의 동서측을 정기적으로 운행한다. 수상 보트를 타고 공원을 한 바퀴 돌면 수변에 방목된 토끼들의 섬이 있고 그 옆에는 꽃사슴들이 뛰어놀고 있다. — 우연의 일치겠지만 앞서 언급한 코니 아일랜드의 어원 역시 '토끼섬'이다. — 운하를 가로지르는 여러 개의 육교를 지나면 다양한 양식의 건축물들이 눈에 들어온다. 한쪽에는 하이테크 기술로 하늘을 찌를 듯이 솟아오른 투명한 마천루가 있는가 하면 다른 한쪽에는 전통양식을 흉내 내긴 했지만 거대함 때문에 어딘가 부자연스러워 보이는 한옥 마을과 한옥 호텔이 있다. 한옥 호텔 옆에는 바닥을 화려한 색상의 페인트로 채색해 추상 회화를 만든 '유엔 광장'과 선사시대 쐐기 모양을 떠올리는 복잡한 직물 패턴으로 입면을 장식한 '인천도시역사박물관'이 있고, 그 옆에는 동대문디자인파크DDP처럼 노출 콘크리트와 알루미늄 패널로 마감한 유선형의 비정형 공연전시시설 '트라이볼'이 위치하고 있다. 다시 트라이볼 옆에는 서양 고전 건축 양식을 선택적으로 차용한 쇼핑센터가 수변을 끼고 길게 늘어서 있다. 공원 북측에는 산책 공원, 조각 공원, 잔디 광장, 철인 3종 경기를 위한 트라이애슬론장, 세계문자박물관이 위치하고 공원 동측 맞은편에는 여행객을 맞이할 수 있는 고급 호텔과 동시에 2만 명을 수용할 수 있는 대규모 컨벤션 시설이 지어졌다. 이 건물은 알루미늄 패널과 유리로 뒤덮인 거대한 지붕이 삼각형의 불규칙한 패턴으로 접히고 포개지면서 현대적인 랜드마크 이미지를 가지고 있다. 컨벤션 센터와 그 주변에는 지금도 '도심 속 테마파크'를 지향하는 쇼핑센터, 복합 문화시설 등이 계속 지어지고 있다.

프랑스의 철학자 장 보드리야르Jean Baudrillard는 '디즈니랜드는 미국 자체가 거대한 디즈니랜드라는 사실을 은폐하기 위한 것'이라고 말했다. 디즈니랜드는 진짜처럼 보이지만 누구나 알고 있듯이 상상으로 만들어진 허구의 세계다. 현실도 아니고 현실을 모방한 것도 아닌 완전히 새롭게 기획된 환영이다. 사람들은 디즈니랜드를 허구라고 인식하고 즐긴다. 하지만 우리가 살고 있는 이 세계가 하나의 거대한 디즈니랜드라는 생각은 미처 하지 못한다. 송도 신도시의 친숙하지만 낯선 풍경처럼 말이다.

이렇게 원본과 모사품의 구별이 모호해진 현대사회를 프랑스어로 흉내, 시늉을 뜻하는 '시뮬라크르simulacre'의 세계라고 한다. 본래 모방은 원본이 있고 원본을 흉내 낸 것이지만, 모방이 연쇄적으로 반복되다 보면 누가 누구를 흉내 낸 것인지 알 수 없게 된다. 처음에는 테마파크가 현실 세계를 흉내 냈지만 지금은 현실 세계가 테마파크를 흉내 내는 것처럼 말이다. 걸프전 당시 참혹한 전쟁의 총성이 뉴스 미디어를 통해 편집, 유통되면서 현실과는 다른 일종의 전쟁 영화처럼 소비되었던 사례도 이런 경우다. 사람들은 이라크와 쿠웨이트에서 벌어진 진짜 전쟁과 미디어 속에 재현된 가짜 전쟁을 구분하지 못했고 이들에게 걸프전은 있는 것도 없는 것도 아니었다.

오늘날 뉴스는 일종의 광고가 되었고 우리는 상품 자체가 아니라 광고 속 이미지를 소비하고 있다. SNS에 올라오는 수많은 인증샷과 상품 이미지를 보라. 사람들이 원하는 것은 사용가치도 교환가치도 아닌 이미지의 유희적 가치, 과시적 표현이다. 창작자들은 사진 찍기 좋은 상품과 공간을 기획하고 사진이 그럴듯하게 나오지 않으면 기능이나 비용을 희생해서라도 시각적 효과를 수정한다. 디자인을 수정하는 창작자는 그나마 정직한 사람이다. 인터넷에 떠다니는 상품, 공간 이미지 대부분은 포토샵으로 보정하거나 과장한 허구다. 가공된 이미지가 현실을 압도하는 것이다.

숙박 공유 플랫폼 에어비앤비는 광고를 통해 '여행은 살아보는 거야'라고 말한다. 에어비앤비를 이용하는 여행객들은 호텔, 리조트 등의 정형화된 숙박업소가 아니라 현지 호스트의 일상이 묻어 있는 가정집에서 머무르며 짧은 기간이지만 살아있는 삶을 체험한다. 관광 '산업'은 본래 유명 관광지에 몰려든 사람들에게 그 장소만의 본질적 의미와 역사적 콘텍스트가 아닌 표피적이고 순간적인 이미지를 제공하는 현대의 '보이지 않는 공장'이었다. 그런데 이들은 이국적 풍경과 사람들을 구경만 하고 지나치는 관광이 아니라 현지인의 삶 속으로 침투해서 잠시나마 그들의 일부가 될 것을 제안한다. 하지만 아이러니한 것은 관광 '산업'이 진정한 의미의 '여행'이 되는 동안 다른 한편에서는 현지인의 진정한 삶의 공간이 부동산 상품으로 탈바꿈한다는 것이다. 무상 임대나 기부, 선물의 형식이 아니라면 말이다. 그러고 보면 우리는 자본주의가 만들어낸 이 허구의 족쇄, 제로섬 게임에서 벗어날 수 없는 운명인지도 모른다.

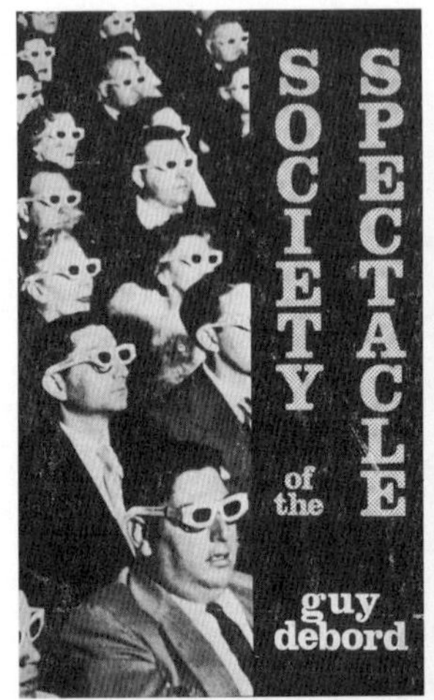

1 스펙터클의 사회,
기 드보르, 1967

2 코니 아일랜드,
미국 뉴욕, 1920년대

3 송도 센트럴 파크,
유원지와 토끼섬

6 타운하우스과 아파트

스카이캐슬을 꿈꾸다

JTBC 드라마 〈SKY 캐슬〉은 용인에 위치한 타운하우스 '라센트라'에서 촬영됐다. 우리나라에는 2000년대 들어 본격적으로 보급되기 시작했지만 타운하우스는 본래 19세기 말 영국에서 등장한 교외 주거지의 이상을 표상하는 주거 형식이었다. 산업혁명이 성숙기에 접어들면서 대영제국이 절정기에 다다랐던 빅토리아 시대 영국의 도심은 제조업이 밀집해 인구가 과밀하고 위생 상태가 불량했던 반면 교외 타운하우스는 도심과 가까우면서 자연과 더불어 살 수 있는 성공한 사람들의 집단 거주지였다. 이 시기 쾌적한 거주 환경을 찾아 교외로 이주한 영국의 부르주아지는 자신들의 집에서 귀족적 느낌이 나도록 '파크 빌리지Park Village'라는 이름을 붙였고 풍요로운 전원생활을 영위했던 봉건 지주들을 흉내내기 위해 정원 가꾸기와 원예에 신경 썼으며 청교도적인 가정생활을 최고의 가치로 여겼다. 산업화의 모순이 자극한 중세주의의 부활이었다. 단란한 가정과 따뜻한 집이라는 인생의 모토, 사회보다 가족을 중시하는 마이홈주의는 이렇게 등장했다. 롯데캐슬, 타워팰리스, 푸르지오, 파크뷰 등의 브랜드명도 '파크 빌리지'에서 유래했는데 지금은 익숙해져 소비자들에게 별다른 감응을 주지 못하지만 2000년대 초반 처음 브랜드 아파트가 도입됐을 당시에는 집에 브랜드를 붙인다는 발상 자체가 놀라운 일이었다.

19세기 말 런던 근교에 조성됐던 대표적 타운하우스 '베드포드 파크Bedford Park'의 이상은 20세기 미국으로 넘어가 '레빗타운Levittown'으로 꽃피운다. 제2차 세계대전 이후 재향군인들을 위한 주택이 부족하자 부동산 사업가 윌리엄 레빗이 맨해튼 근교를 시작으로 전국에 조립식 전원주택 500만 호 사업을 벌인 것이다. 미드와 영화에서 자주 접했던 마당 있는 교외 주거지 레빗타운은 '평균 중산층 미국인'을 상징하는 징표였으며 이들의 삶의 방식은 '옆집 존슨 씨네가 새 차를 사면 나도 따라 사는 것'이었다. 윌리엄 레빗이 '자기 집을 가진 사람은 공산주의자가 될 수 없다'고 자신했던 것도 레빗타운이 자본주의의 경제적 풍요로움을 과시하는 동시에 집 없는 사람은 낙오자라는 두려움을 키웠기 때문이다. 드라마 〈SKY 캐슬〉을 보며 느끼는 감정과 비슷하지 않은가. 부자가 되고 싶은 사람도 있고 현재에 자족하는 사람도 있지만 낙오하고 싶은 사람은 없는 법이다. 욕망은 꿈꾸는 사람들에게 건강한 동기

부여가 되기도 하지만 두려움은 사람을 동물로 퇴화시켜 어두운 숲 속을 헤매게 한다.

최근 들어 타운하우스가 다시 인기라고 하지만 우리나라 주거 유형 중 절반 이상을 차지하고 있는 것은 여전히 아파트다. 기원전 1세기경 로마에서 시작된 최초의 아파트, 인술라insula는 4세기부터는 단독주택의 수를 25배 초과할 만큼 일찍이 보편화된 주거 형식이었다. 고대 로마 시대에는 화재와 붕괴 위험 때문에 인술라의 높이를 제한하는 법이 있어서 건물이 3~7층 규모였지만 산업혁명 이후 노동자들이 도시로 몰려들면서 도심에는 더 높은 인구밀도의 아파트가 필요해졌다.

슬럼화 되어가는 도심의 인구 문제를 해결하는 동시에 거주자의 쾌적성을 극적으로 개선한 근대식 아파트의 시초는 1945년 르 코르뷔지에가 저소득층을 위해 마르세유에 설계한 집합주거 '유니테 다비타시옹'이다. 12층 규모에 337가구가 거주했던 이 건물에는 상점, 호텔, 유치원, 놀이터, 수영장, 옥상정원 등이 설치되어 있었으니 지금의 아파트보다는 주상복합에 가까운 구성이었다.—1968년, 건축가 김수근이 설계한 종로 세운상가 역시 이 건물을 모태로 하고 있었다.—그런데 백 년 전 도시 빈민들의 주거 문제를 해결하기 위한 대안으로 개발된 근대식 아파트가 21세기 대한민국에서는 모두가 선망하는 고급 주거 양식이 되어 있으니 아이러니한 일이다. 우리나라 사람들의 아파트 선호 현상은 어디에서 연유한 것일까?

정확히 말하면 사람들은 '아파트'가 아니라 '아파트 단지'를 선호한다. 일반적으로 도로변에 홀로 서 있는 '나홀로 아파트'보다 대단지 아파트의 시세가 높은 것만 보아도 알 수 있다. 대한민국 아파트의 역사는 일제강점기까지 거슬러 올라가지만 '아파트 단지'의 역사는 1962년 준공된 마포 아파트에서 시작한다. 전후 경제개발 시절 재정이 부족했던 정부는 빠른 도시 재건과 안정적인 주택 공급을 위해 본래 정부가 제공해야 할 공공시설 및 서비스를 민간 건설사가 공급하는 대신 주택기금 융자 등의 혜택을 주는 주택건설촉진법을 제정했다. 정부는 도로, 도시공원, 유치원, 놀이터, 노인정, 근린상가 등을 건설할 재정이 부족하니 민간 건설사가 일정 규모 이상의 아파트 단지를 건설하면서 이 시설들을 함께 공급하라는 것이다. 이렇게 보면 대한민국에서 아파트는 개별 건물의 건설이 아니라 도시 행정의 영역이었다.

주변에서 흔히 볼 수 있는 다세대 주택가를 생각해보자. 서울 시내 주택가에 법적 최소 기준을 충족하는 어린이 공원과 놀이터 하나를 만드는데 약 40억 원이 소요된다고 한다. 그런데 우리가 정부, 지자체로부터 반복해서 듣는 이야기는 늘 예산이 부족하다는 것이다. 무수한 민원과 지루한 기다림 끝에 어린이 공원이 하나 생겨도 별도의 경비 인력이 없어 안전과 유지 관리가 부실하다. 어린이 공원뿐만 아니라 소방도로와 공용 주차장 같은 필수 기반 시설도 턱없이 부족하다. 사람들이 아파트를 선호하는 이유가 집을 거주 공간이 아닌 투자 대상으로 생각해서 시세 차익을 기대하고 있기 때문일까? 아마도 그보다는 아파트가 거주하기에 가장 안전하고 쾌적하고 경제적이기 때문일 것이다. 물론 우리 삶의 질적 가치, 인간다운 삶, 가족의 안영과 행복이 안전성, 쾌적성, 경제성이라는 일차적 척도에 의해서만 결정되는 것은 아니다. 생활의 편익이나 유용성을 떠나 일상의 경이로움은 아파트가 아니더라도 우리가 애정을 갖고 가꾼 삶의 터전이라면 어디에나 내재하기 때문이다. 하지만 그럼에도 우리나라에서 대단지 아파트가 가진 차별적 가치, 사회문화적 자본의 영향력은 무시하기 힘들다.

대단지 아파트는 단지 내에 어린이집, 유치원, 초등학교, 공원, 상업 시설, 병원, 놀이터, 주차장, 독서실, 노인정, 피트니스 센터 등의 기반 시설을 모두 갖추고 있고 일반적으로 단독주택이나 나홀로 아파트에 비해 유지 관리비가 저렴하다. 또한 24시간 자체 경비시스템을 갖추고 있으며 민원이 용이하고 공동주택관리법의 보호를 받고 심지어 선거 때는 출장 투표소까지 만들어준다. 이뿐만이 아니다. 한 아파트 단지 내에 공공임대세대와 일반분양세대가 함께 있어도 입주자대표회의가 주도하는 대부분의 의사 결정권은 분양세대 주민들에게만 있다. 우리나라 공동주택관리법은 사용자의 생활권보다 소유주의 재산권을 우선하기 때문이다. 계층 간 주거 격차를 완화하기 위해 도입된 소셜 믹스social mix지만 법적 위상은 여전히 차별적이다. 유럽의 공공임대주택은 임대세대의 법적 지위를 보장할 뿐만 아니라 체계적인 마스터플랜과 충분한 재정 지원을 통해 양질의 디자인을 공급하고 민간에 준하는 커뮤니티 시설과 최신 설비를 모두 갖추고 있지만 우리는 지하 엘리베이터도 없는 아파트에 빈번한 결로와 누수, 부실시공을 걱정해야 하는 실정이다.

어느새 대단지 브랜드 아파트는 대한민국의 계급이자 사회 경제적 지표가 되었다. 과거에도 정부가 저소득층의 주거 안정을 위해 공급한 주공 아파트나 시영 아파트를 서민용 주택으로 낮춰 생각하는 인식이 있었지만 IMF 이후 등장한 브랜드 아파트는 집을 일종의 상품으로 포장하면서 사람들로 하여금 집을 자신의 사회적 위신이나 체면과 연관 지어 생각하도록 만들었다. 최근 여론 조사에서는 같은 입지라면 아파트 구입 시 최우선 고려 대상이 무엇이냐는 설문에 절반 이상의 사람이 브랜드라고 응답한 결과도 있었다. 시공 능력, 부대시설, 가격 등이 아니라 브랜드 파워가 주거를 결정하는 것이다. 요즘 초등학생들은 친구를 아파트 브랜드명으로 구분해서 부른다고 한다. 래미안 사는 아무개, 자이 사는 아무개다. 아무리 세상사에 무던한 부모라도 가파른 세속의 피라미드 앞에서는 고개를 숙일 수밖에 없다. 비극까지는 아니라고 하더라도 우리는 이런 일상의 수모를 어디까지 감내해야 하는가.

혹자는 아파트에 편중된 주거 양식을 다변화해서 소비자로 하여금 선택의 폭을 넓히고 다양한 계층이 함께 더불어 살 수 있는 지역 커뮤니티를 활성화해야 한다고 말한다. 하지만 실력 있는 건축가가 미려한 주택을 설계하고 공무원이 마을 축제를 개발한다고 해서 아파트에 살 사람들이 '탈 아파트' 하거나 주거 격차가 해소되지는 않는다. 집을 짓기 전에 필수 기반 시설이 갖춰진 좋은 마을을 먼저 만들고 관련법과 제도를 정비해야하는 이유다. 정부와 시민사회는 납득할 만한 합의를 마련하기 위해 인내심을 갖고 대화에 나서야 한다.

1 베드포드 파크,
영국 런던, 1880년대

2 레빗 타운,
펜실베이니아, 1950년대

3 유니테 다비타시옹,
르 코르뷔지에,
프랑스 마르세유, 1952

7

픽처레스크와 도시 재생

마리 앙투아네트의 핫플레이스

지우고 새로 쓰는 '뉴타운'의 시대가 지나고, 남기고 고쳐 쓰는 '도시 재생'의 시대가 왔다. 사전적 의미를 찾아보면 '뉴타운'은 낙후되거나 편중된 도시 환경을 개선하고 기능을 효율화하기 위해 도시의 일부나 전부를 개조하는 불연속적인 개발 행위를 말하고 '도시 재생'은 기존 도시 구조에 새로운 기능을 추가하거나 성격을 재구조화하면서 삶의 조건을 개선하는 연속적인 과정을 뜻한다.

서울 도심 재개발과 같은 뉴타운 사업은 고대 로마 시대에도 빈번했던 도시 환경 개선 사업이었다. 예를 들어 로마의 대형 투기장 '콜로세움'은 베스파시아누스 황제가 그의 전임자였던 네로 황제의 폭정으로 인한 도시민의 불만과 소요를 잠재우고 사회를 통합하기 위해 네로 황제의 개인 정원과 인공 호수가 있었던 자리를 땅으로 메우고 건설한 초대형 도시 기반 시설이었다. 파리를 대표하는 문화시설인 '오페라 가르니에'와 '오페라 거리' 역시 나폴레옹 3세 시절 오스만 남작의 '파리 개조 사업'의 일환으로 건설된 공공시설이다. 당시 이웃나라 영국은 산업화의 성과로 도시 환경이 빠르게 정비되고 있었지만 파리는 미로처럼 얽히고설킨 비좁은 중세 가로 때문에 심각한 교통 체증과 전염병, 위생 문제로 골치를 앓고 있었다. 나폴레옹 3세와 오스만은 파리를 런던처럼 근대화하기 위해 먼저 도시의 주요 시설들이 효율적으로 기능하도록 도로 체계를 수정했다. 지도에 기차역, 광장, 교회, 관청 등을 연결하는 최단 거리의 선을 긋고 선 위를 지나는 기존 건물을 모두 철거한 것이다. 초기에는 막대한 공사비와 폭력적인 변화에 저항이 있었지만 비워진 공간에 크고 작은 녹지가 조성되고 상하수도 등의 도시 기반시설이 보급되면서 '파리 개조 사업'은 도시 정비 사업의 모범으로 자리 잡는다.

전후 우리나라의 도시 개발사는 오스만의 파리 개조 사업과 유사했다. 1966년에서 1970년 사이 관선 서울 시장을 지낸 불도저 김현옥은 110일 만에 여의도 주위에 제방을 쌓아 일주도로를 만들었고 군사작전을 방불케 하는 '나비 작전'으로 종로의 대표적인 홍등가, '종삼'을 기습 철거하고 주상복합 '세운상가'를 건설했다. 모든 결정은 즉흥적이었다. 그가 책상 위에 서울 지도를 펼쳐놓고 굵은 펜으로 선을 그으면 지상에는 남산 1, 2호 터널, 북악

스카이웨이, 외곽순환도로가 만들어졌고 지하에는 지하철과 도시 기반 시설이 만들어졌다. 김현옥 시장은 1970년 와우 아파트 붕괴 사고의 책임을 지고 사퇴했지만 고도성장 시기 '돌격하는 서울'의 엔진은 식지 않았다.

2009년, 용산 4구역 재개발 현장에서는 철거에 반발하던 지역주민과 경찰, 용역 업체가 충돌하면서 다수의 사상자가 발생한다. 도시 정비 사업은 낙후된 도시 환경을 단기간에 개선하고 도시가 합리적으로 기능하도록 돕는 순기능이 있지만 개발의 과실이 모두에게 돌아가지 않고 소수에게 집중된다면 그 모형은 지속 가능하지 않다. 이러한 반성과 시행착오를 통해 새롭게 조명받은 것이 '도시 재생'이다. 도시 재생은 도시 구조를 최대한 유지하면서 최소한의 조작을 통해 시대의 변화를 수용하고 새로운 가치를 창출한다는 점에서 기존 도시 정비 사업과 차별화된다. 도시 정비 사업이 토지·건물 소유주가 주체가 되어 막대한 자본을 투입해 물리적 환경을 정비하는 공간 '계획'이라면 도시 재생은 실거주자가 자발적으로 참여하고 연대해 침체된 지역을 활성화시키는 일종의 마을 만들기, 장소 '기획'이기 때문이다. 도시 재생은 필수 기반 시설 확충, 소규모 주거 정비, 도시 농업, 지역 축제, 특화 사업 등을 통해 개발로 인해 내쫓기는 사람들을 포용하고 지역에 새로운 유동 인구를 유입시켜 친밀하고 건강한 도시 공동체를 만든다. 단순히 건물과 장소를 남기는 것이 아니라 다시 태어나게 하는 것이다. 하지만 최근에는 원주민이 중심이 된 순수한 의미의 도시 재생이 아니라 부동산 개발 사업자들이 낙후한 지역이나 시설을 싼값에 매입해 비싼 가격에 임대하거나 되파는 경우가 많아지고 있다.

사람들은 대형 쇼핑몰, 백화점에서 '상품'을 소비하고 노래방, PC방에서 규격화된 '공간'을 소비하지만 핫플레이스에서는 '장소' 그 자체를 소비한다. 최근에 자주 언급되는 핫플레이스에 가보면 노후한 산업 시설이나 근린 건물을 카페, 서점, 문화시설 등으로 리모델링한 곳들이 많다. 산업 단지 내 공장을 카페로 변신시킨 '대림창고', '조양방직'이나 북촌의 목욕탕 건물을 선글라스 브랜드의 쇼룸으로 사용하고 있는 '젠틀 몬스터' 등은 오래된 장소 또는 기물에서 나오는 독특한 오라, 습한 곰팡이 냄새에서 올라오는 복고풍의 향수를 섬세하게 기획한 대표적인 경우다. 한옥을 현대식으로 리모델링해 카페로 이용 중인 '어니언' 안국지점 후정 담벼락에는 바리솔Barrisol이라는 평면 시트 조명이 완만한 곡선을 이루며 길게 설치되어 있다. 바리솔은 조명이 꺼지면 무채색 배경화면이 되고 조명이 켜지면 빛을 은은하게 퍼뜨리는 확산판으로 기능하기 때문에 이곳에서 사진을 찍으면 누구나 스튜디오에서 촬영한 것처럼 경계가 흐릿하고 몽환적이며 초현실적인 분위기를 연출할 수 있다. 핫플레이스는 '기획된 장소'를 소비하는 방법 중에 하나다. 헐고 다시 짓는 것이 아니라 남기고 고쳐 쓴다는 점에서 보면 일면 도시 재생의 결과물 같지만 이곳은 사실 대규모 투자 자본이 투입된 픽처레스크picturesque 공원에 가깝다.

픽처레스크는 19세기 낭만주의 시대, 그림처럼 보이는 전원풍의 풍경을 말한다. 광범위한 산업화와 과학기술의 속도에 지친 당시 사람들은 때 묻지 않은 원시적 자연, 폐허가 된 고대 도시, 한가로운 농가의 이미지에서 마음의 안정과 위안을 얻고자 했다. 픽처레스크 정원은 질서 정연한 기하학적 패턴의 프랑스식 정원과 달리 인간의 손이 닿지 않은 중세의 숲 속 이미지를 재현했고 오두막과 그리스 신전의 축소 모형을 만들어 장식 소품으로 사용했다. 오늘날 우리에게 익숙한 도심 공원, 뉴욕 센트럴파크, 잠실 올림픽공원, 성수 서울숲 등은 모두 이 픽처레스크 공원을 기본 모형으로 하고 있다. 이들은 극사실주의 회화처럼 자연을 최대한 자연스럽게 모방하고 있지만 사실은 인공적으로 계획된 일종의 연극 무대와 같다.

프랑스 시민혁명 당시 '자비로운 사형 기구' 기요틴으로 처형당한 루이 16세의 왕비, 마리 앙투아네트는 프티 트리아농Petit Trianon이라는 소궁 근처에 '왕비의 시골 마을Queen's Hamlet'로 불리는 농가풍 건물 12채를 지었다. 그녀는 사치스럽고 문란한 사생활로 국가 재정을 탕진하고 부정부패에 연루된 희대의 팜므파탈로 알려져 있지만 실제로는 자신에게 할당된 왕실 예산의 10퍼센트도 사용하지 않은 검소한 왕비였다. 당시 프랑스 재정 파탄은 미국 독립전쟁을 지원한 탓이었지만 민중의 분노는 타국에서 시집온 힘없는 왕비를 향했고 훗날 혁명 재판에서 그녀가 뒤집어쓴 혐의는 모두 루머에 불과했다. 왕비는 거짓, 권모술수, 허례허식, 질투로 숨 막히는 왕궁 생활에서 벗어나 나만의 안식처로 숨어들고 싶었고 시골 마을 모형은 왕비에게 잠시 잊혀져 있던 자비로운 인간의 미덕과 순수한 감성을 되살려주었을 것이다. 정직, 천진난만,

배려, 생명, 정성, 인정, 꾸밈없음의 미학. 왕비는 이곳에서 소박하게 나무를 심고 밭을 일구며 유유자적했지만 농가풍의 건물 외관과 달리 내부는 왕족의 연회와 취미 활동을 위해 부르주아풍으로 치장되어 있었다. 픽처레스크는 참여하는 도시 농업이 아니라 농가의 이미지를 관조하며 소비하는 여가 활동이기 때문이다. 현대인이 핫플레이스에서 셀카를 찍으며 장소를 소비하는 것처럼 말이다.

조선 궁궐에도 '왕비의 시골 마을'을 연상케 하는 농가풍 건물이 하나 있다. 단청 서까래 위에 초가지붕을 머리에 이고 있는 작은 정자, 창덕궁 '청의정清漪亭'. 청의정은 인조 14년, 백성들에게 농사를 권하고 풍작을 기원하기 위해 창덕궁 후원 옥류천 인근에 만들어진 시범 경작지, 적전籍田에 자리하고 있다. 왕은 이곳에서 신하들과 함께 적전을 직접 경작했는데 조선시대에 행해진 이러한 의례를 '친경례親耕禮'라고 한다. 이러한 청의정의 유래와 기능을 모른 채 멀리서 얼핏 보면 '청의정'도 픽처레스크 장식 조형물처럼 보인다. 하지만 조금 더 가까이 다가가서 관찰하면 '왕비의 시골 마을'과는 분명 다른 점이 있다. 마리 앙투아네트의 시골 마을은 전원풍의 이미지를 소비하기 위해 농가의 외관을 최대한 사실적으로 모방했지만 청의정의 조형은 농가의 평범한 정자와는 격이 다르기 때문이다. 청의정의 조형을 잠시 살펴보면, 지붕은 하늘을 상징하는 원형이고 바닥은 땅을 상징하는 사각형에 각각의 목재 부재는 정교하게 결구되어 단청으로 치장되어 있다. 벼를 수확하고 남은 볏짚으로 지붕 이엉을 이었지만 대들보 없이 서까래만으로 지붕을 지지할 수 있을 만큼 그 두께가 얇아 농가의 정자처럼 무겁지 않고 날렵한 인상을 준다. 농가의 소박함과 농경의 위대함을 동시에 재현하면서도 투박한 조형이 궁궐의 품격을 해치지 않는 조화를 찾은 것이다. 청의정에는 민초들의 애환을 위로하고 그들의 삶을 존중하면서도 왕의 존엄은 지키고자 했던 조선 왕들의 속마음이 그대로 표현되어 있다. 그래서 청의정은 픽처레스크 정원이 아니라 하늘에 제를 올리는 성소나 축제의 장에 가깝다.

의례와 축제의 장소, 청의정에서는 지금도 5월이 되면 일반인들이 참여해서 노동요를 부르며 모내기하고 9월에는 벼 베기, 볏짚 꼬기, 볏짚 지붕 만들기 등의 체험 행사를 진행한다. 엄숙한 궁궐에서 평소에는 상상하기 힘든 유쾌한 마을 잔치가 벌어지는 것이다. '청의정'이라는 미려한 그릇에는 '친경례'라는 맑고 투명한 물이 담겨 있다. 물이 없으면 빈 그릇에는 먼지만 쌓이고 반대로 적당한 그릇이 없으면 물은 흘러내린다. '청의정'에서 건축은 행위를 담는 그릇 역할을 성실히 수행하고 행위는 건축이 만든 일종의 질서, 경계를 거스르지 않는다. 우리는 이것을 우아한 조화, 과장하지 않은 품격, 비울수록 채워지는 무위라고 말할 수 있다.

사람은 속도가 빨라지면 권태에서 벗어나 그 속도를 타고 즐기다가도 일정 속도가 넘어서면 위험을 느끼고 빠르기를 조절한다. 사회도 마찬가지다. 삶의 형식과 내용이 고도화되고 국민소득이 증가하면서 '삶의 질'에 대한 요구가 커질수록 자연과 함께 조화하고 문화를 향유하며 느리게 걷고자 하는 사람들은 계속 늘어갈 것이다. 픽처레스크는 예나 지금이나 차가운 기계문명과 치열한 경쟁에 지친 우리 영혼에 잔잔한 위안을 주고, 반복되는 일상에 작은 구멍을 내주는 일시정지 버튼과 같다. 자연과 인공, 질서와 자유, 투박함과 세련됨 사이에서 균형을 찾고자 하는 인간에게 그 자체로 효용이 있는 것이다. 하지만 핫플레이스에서 만나는 픽처레스크의 부활은 거울에 비친 이 시대를 살아가는 우리의 자화상, 혹은 마리 앙투아네트의 쓸쓸한 초상 같은 것이 아닐까. 픽처레스크는 장소를 소비할 뿐 장소를 다시 태어나게 하지 않는다. 무대장치에 불과하기 때문이다. 근사한 무대에는 독창적인 극본과 경험 많은 배우가 필요하다.

도시 재생의 성공적 사례로 스페인의 작은 도시 '빌바오'와 일본의 섬마을 '나오시마'가 자주 거론된다. 빌바오는 1980년대 불황으로 지역의 경제 기반이었던 철강 산업이 쇠퇴하면서 실업률이 치솟고 슬럼화 되던 도시에 랜드마크 구겐하임 미술관과 대규모 도시 인프라가 설치되면서 세계적인 관광지로 거듭난 곳이다. 나오시마는 1989년 후쿠타케 재단의 후원으로 시작된 예술섬 만들기 프로젝트가 30년 넘게 지속하면서 현대 예술의 성지가 됐다. 반면 우리나라의 사정은 어떨까? 2006년, 야심차게 빌바오를 벤치마킹한 '동대문디자인플라자DDP'는 아직도 제자리를 잡지 못했고, 부산의 '벽화 마을'은 지역 주민들과 교감하지 못한 채 민폐 관광객들이 버리고 간 쓰레기 더미만 남았다. 동대문디자인플라자는 초기 예산의 여섯 배가 넘는 5,000억이라는 엄청난 혈세를 투입해 근사한 그릇을 만들었지만 물이 담기지 않았고, '벽화 마을'은 일방통행식 행정과 이벤트성 행사로 제대로 된 그릇조차 만들지 못한 탓이다.

우리가 살고 있는 장소, 건축 그리고 도시는 우리가 누구이며 우리가 존중하는 내적 가치와 전망이 무엇인지 말해준다. 진정한 삶의 의미는 현자들의 잠언이나 책 속에 있는 것이 아니라 내가 나를, 우리가 주변을 보호하고 돌보며 그 속에서 무언가를 발견할 때 비로소 실체를 드러내기 때문이다.

우리는 지금 무얼 해야 할까? 무대에 오를 배우들은 오늘도 모든 준비를 마치고 근사한 무대와 극본을 기다리고 있다. 삶의 치열함을, 사랑을, 희망을 증명하기 위해.

파리 개조 사업의 일환으로 조성된
오페라 거리, 1879

1 베르사유의 픽처레스크 정원, 왕비의 시골 마을, 1783

2 창덕궁의 초가 정자 청의정, 1636

사진 출처

1장

1 건축가 알바 알토(1898~1976) ⓒ Wikimedia Commons
오후 3시 햇빛이 드러낸 벽의 질감 ⓒ 남상문
생명의 활기와 덧없는 애처로움 ⓒ 남상문

2 근대의 보편공간, 토론토 도미니언 센터, 1967
ⓒ www.nowtoronto.com
건축가 루이스 칸이 방의 의미에 대해 설명한 글과 그림, 1971
ⓒ Philadelphia Museum
아우구스투스에게 건축술에 대해 설명하는 비트루비우스, 1684
ⓒ Sebastian Clerc, Wikimedia Commons

3 숲의 교회, 우드랜드 묘지공원, 군나르 아스플룬드, 스톡홀름, 1920 ⓒ Federico Covre www.divisare.com
숲의 화장장, 우드랜드 묘지공원, 군나르 아스플룬드, 스톡홀름, 1940 ⓒ roadtripsaroundtheworld.com
이구알라다 공동묘지, 엔릭 미라예스, 바르셀로나, 1994
ⓒ Wikimedia Commons

4 레스터 공과대학, 제임스 스털링, 영국 레스터, 1963
ⓒ archeyes.com
게리 하우스, 프랭크 게리, 캘리포니아 산타모니카, 1991
ⓒ IK's World Trip, Wikimedia Commons
성베드로 교회, 시구르드 레베렌츠, 스웨덴 클리판, 1966
ⓒ seier+seier, Wikimedia Commons

5 오선보를 연상케 하는 스트레토 하우스, 스티븐 홀, 텍사스 댈러스, 1991 ⓒ Steven Holl Architects

동굴의 원형적 이미지, MIT기숙사, 스티븐 홀, 매사추세츠 케임브리지, 2002 ⓒ Steven Holl Architects
론다니니 피에타, 미켈란젤로, 밀라노, 1564 ⓒ Paolo da Reggio, Wikimedia Commons

6 비엔나 홀로코스트 메모리얼, 레이첼 화이트리드, 2000 ⓒ Bwag, Wikimedia Commons
베를린 홀로코스트 메모리얼 파크, 피터 아이젠만, 2005 ⓒ Alexander Blum, Wikimedia Commons
로마 지도, 잠바티스타 놀리, 1748 ⓒ Wikimedia Commons

7 추상적 속도, 자코모 발라, 1913 ⓒ Wikiart.org
돔이노 시스템, 르 코르뷔지에, 1914 ⓒ Foundation Le Corbusier
워킹 시티, 아키그램, 1966 ⓒ Archigram

8 눈보라 속의 기선, 윌리엄 터너, 1842 ⓒ Tate Gallery, London
알리안츠 아레나, 헤르조그 앤 드 뫼롱, 뮌헨, 2005 ⓒ Diego Delso, Wikimedia Commons
예일 대학교 바이네케 고문서 도서관, 고든 번샤프트, 뉴헤이븐, 1963 ⓒ Wikimedia Commons

9 정원으로 이어진 복도와 유리 칸막이, 브리온 공동묘지, 카를로 스카르파, 이탈리아 트레비소, 1978 ⓒ 박근홍
유리 칸막이를 움직이는 도르래 장치, 브리온 공동묘지, 카를로 스카르파, 이탈리아 트레비소, 1978 ⓒ Wikimedia Commons
우리는 어디에서 왔는가 우리는 누구인가 우리는 어디로 갈 것인가, 폴 고갱, 1897 ⓒ Wikioo.org

2장

1 총체적 예술의 대표작 스토클레 저택, 요제프 호프만, 벨기에 브뤼셀, 1911 ⓒ Wikiarquitectura
로스 하우스, 아돌프 로스, 오스트리아 비엔나, 1912 ⓒ Thomas

Ledl, Wikimedia Commons
뮐러 주택, 아돌프 로스, 체코 프라하, 1928 ⓒ Wikiarquitectura

2 롱샹 성당, 르 코르뷔지에, 프랑스 롱샹, 1954 ⓒ Ed Tyler, The RIBA Journal
로스코 채플, 필립 존슨, 텍사스 휴스턴, 1971 ⓒ www.rothkochapel.org
클라우스 노지 경당, 페터 춤토르, 독일 바렌도르프, 2007 ⓒ Rasmus HjortshØj, www.divisare.com

3 아랍문화원, 장 누벨, 프랑스 파리, 1987 ⓒ 남상문
4대 복음서 상징 동물, 아일랜드, 800 ⓒ www.biblemesh.com
로버트 벤투리 『라스베이거스의 교훈』 표지에 쓰인 이미지, 1972 ⓒ Learning From Las Vegas, The MIT Press, 2001

4 화이트 트리, 소우 후지모토, 프랑스 몽펠리에, 2019 ⓒ Sergio Grazia, www.divisare.com
반복과 변주, 아미앵 대성당, 프랑스 아미앵, 1270 ⓒ Guillaume Piolle Wikimedia Commons
가시면류관 교회, 페이 존스, 미국 아칸소, 1980 ⓒ Thorncrown Chapel

5 프랑크푸르트 주방을 위한 드로잉, 마가레테 쉬테-리호츠키, 1926 ⓒ www.hiddenarchitecture.net
철도역으로 사용되었던 오르세 미술관 ⓒ www.mymodernmet.com
로버트 벤투리의 '오리와 장식된 헛간', 1972 ⓒ Learning From Las Vegas, The MIT Press, 2001

6 집단적 발명, 르네 마그리트, 1934 ⓒ Wikiart
호레이스 월폴의 스트로베리 힐, 고딕 양식의 부활, 1749~76 ⓒ cz.pinterest
혼성된 스타일, 선택의 순간에 닥친 초조함 ⓒ 남상문

7 밀레토스 도시계획, 히포다모스, B.C.475년경
© www.desktopexplorer.wordpress.com
국제원기 1킬로그램의 기준 © www.eurekalert.org
경복궁전도, 대칭과 비대칭이 혼합된 유연한 구성 © 국립문화재연구소 문화유산연구지식포털

8 실외측으로 돌출된 오리엘 윈도우 © Wikimedia Commons
루이스 바라간 자택의 4분할 덧창, 멕시코시티, 1947 © Patricia Pilcher, Pinterest
병산서원 만대루의 광경 © 남상문

9 성당 서측 입구의 나르텍스 공간 © Wikimedia Commons
기베르티의 청동문, 이탈리아 피렌체, 1452 © www.teggelaar.com/en/florence-day-3-continuation-2/
백인제 가옥의 솟을대문, 북촌 가회동, 1913 © 서울특별시 visitseoul.net

3장

1 대중 연설의 교과서 윈스턴 처칠 © www.artofmanliness.com
네덜란드 구조주의 건축, 센트럴 바흐허, 1972
© www.destentor.nl
크리스토퍼 알렉산더의 『패턴 랭귀지』 표지, 1977
© www.amazon.co.uk

2 그랜드투어에 나선 유럽의 귀족들, 캄파냐의 영어 여행객, 칼 스피츠베그, 1845 © Wikimedia Commons
퇴락한 페사크 주택단지, 르 코르뷔지에, 프랑스 페사크, 1924
© www.architecturalvisits.com
오죽헌 어제각의 현판, 강릉, 1788 © 남상문

3 타틀린의 제3인터내셔널을 위한 기념비 축소 모형, 1920
© Wikimedia Commons

리처드 세라의 Te Tuhirangi Contour, 1999 ⓒ www.gibbsfarm.org.nz
르 코르뷔지에 어머니의 집 Villa Le Lac, 1924 ⓒ Foundation Le Corbusier

4 노트르담 대성당 화재 당시 운집한 시민들
ⓒ www.catholicherald.org
푸에블로 인디언의 지하경당 키바 ⓒ www.spiritofthepueblos.weebly.com
잠실 주공 5단지 아파트 벚꽃길 ⓒ 미상

5 스펙터클의 사회, 기 드보르, 1967 ⓒ Wikimedia Commons
코니 아일랜드, 미국 뉴욕, 1920년대 ⓒ www.coneyislandhistory.org
송도 센트럴 파크, 유원지와 토끼섬 ⓒ 남상문

6 베드포드 파크, 영국 런던, 1880년대 ⓒ www.wellcomecollection.org
레빗 타운, 미국 펜실베이니아, 1950년대 ⓒ www.britannica.com
유니테 다비타시옹, 르 코르뷔지에, 프랑스 마르세유, 1952
ⓒ Cemal Emden, www.divisare.com

7 파리 개조 사업의 일환으로 조성된 오페라 거리, 1879
ⓒ Abragad, Wikimedia Commons
베르사유의 픽처레스크 정원, 왕비의 시골마을, 1783
ⓒ Daderot, Wikimedia Commons
창덕궁의 초가 정자 청의정, 1636 ⓒ 문화재청 국가문화유산포털

참고 문헌

미르치아 엘리아데, 성과 속, 이은봉, 한길사, 1998
비트루비우스, 건축10서, 모리스 히키 모건, 오덕성, 기문당, 2006
안드레아 팔라디오, 건축4서, 정태남, 그림씨, 2019
아돌프 로스, 장식과 범죄, 현미정, 미디어버스, 2018
레나토 포지올리, 아방가르드 예술론, 박상진, 문예출판사, 1996
르 코르뷔지에, 건축을 향하여, 이관석, 동녘, 2007
피터 쿡, 아키그램 실험적 건축 1961~74, 민수홍, 홍디자인, 2003
에드먼드 버크, 숭고와 아름다움의 이념의 기원에 대한 철학적 탐구, 김동훈, 마티, 2006
리차드 세넷, 장인, 김홍식, 21세기북스, 2010
다니자키 준이치로, 음예 예찬, 이미나, 엠지에이치북스, 2018
유하니 팔라스마, 건축과 감각, 김훈, 스페이스타임, 2019
이진경, 근대적 주거 공간의 탄생, 그린비, 2007
로버트 벤투리/데니스 스콧 브라운/스티븐 아이즈너, 라스베이거스의 교훈, 이상원, 청하, 2017
김성홍, 도시 건축의 새로운 상상력, 현암사, 2009
소우 후지모토, 건축이 태어나는 순간, 정영희, 디자인하우스, 2012
헨리 플러머, 건축의 경험, 김한영, 이유출판, 2017
알도 로시, 도시의 건축, 오경근, 동녘, 2006
K. 해리스, 현대미술: 그 철학적 의미, 오병남, 서광사, 1988
김홍식, 세상의 모든 지식, 서해문집, 2015
발레리 줄레조, 아파트 공화국, 길혜연, 후마니타스, 2007
김광현, 건축강의, 안그라픽스, 2018

존 러스킨, 건축의 일곱 등불, 현미정, 마로니에북스, 2012
크리스토퍼 알렉산더, 패턴 랭귀지, 이용근, 인사이트, 2013
르 코르뷔지에, 작은 집, 이관석, 열화당, 2012
노베르그 슐츠, 건축의 의미와 장소성, 이정국, 시공문화사, 1999
로버트 베번, 집단 기억의 파괴, 나현영, 알마, 2012
기 드보르, 스펙타클의 사회, 유재홍, 울력, 2014
장 보드리야르, 시뮬라시옹, 하태환, 민음사, 2001

지붕 없는 건축

초판 1쇄 발행
2021년 3월 17일

지은이 남상문
펴낸이 조미현

책임편집 정예인
디자인 한미나

펴낸곳 (주)현암사
등록 1951년 12월 24일 · 제10-126호
주소 04029 서울시 마포구 동교로12안길 35
전화 02-365-5051
팩스 02-313-2729
전자우편 editor@hyeonamsa.com
홈페이지 www.hyeonamsa.com

ISBN 978-89-323-2124-0 03540